U0874060

新编21世纪高等职业教育精品教材·通识课系列

个人形象设计

主　编◎张玉清

中国人民大学出版社
·北京·

前言

为深入学习贯彻习近平新时代中国特色社会主义思想和党的二十大精神，全面贯彻党的教育方针，落实立德树人根本任务，加快建设高质量教育体系，大力发展素质教育，落实中共中央办公厅、国务院办公厅印发的《关于全面加强和改进新时代学校美育工作的意见》和《教育部关于切实加强新时代高等学校美育工作的意见》要求，深化高等学校美育教育教学改革，加强高等学校公共艺术课程建设，我们编写了这本书。教育部办公厅 2022 年 11 月印发了《高等学校公共艺术课程指导纲要》。纲要指出，公共艺术课程是我国高等教育课程体系的重要组成部分，是学校艺术教育工作的中心环节，是实施美育的主要途径，具有很强的意识形态属性，对于引导学生树立正确的历史观、民族观、国家观、文化观，提高学生的审美和人文素养，培养创新精神和实践能力，塑造健全人格，具有不可替代的价值和作用。

随着社会的发展，人们的生活水平逐渐提高，审美能力也需要提高。良好形象的塑造，不仅体现在服装、发型、妆容等方面，还体现在举止形态要合乎自然和社会形态。

本书通过色彩、体型、脸型、化妆、风格五大篇介绍了个人形象设计的主要内容，主要特色有以下几点。

1. 遵循国家重要文化国策

习近平总书记多次提出："人民对美好生活的向往，就是我们的奋斗目标。"这彰显出国家治理理念从以经济建设为中心向经济建设、文化建设和精神建设并重转变。"美育中国"的提出标志着美育教育已经成为国家执政纲领的一部分。

2. 明确美与个性展现的标准

因为美没有固定的标准，所以每个时代美的标准不同。本书通过对色彩基础知识的讲解，使学生了解自然本身就是美的，因为人的心理共情，所以色彩又被赋予一定的象征性。

通过对四季肤色、体型、脸型等知识的讲解，学生可以了解自身的特点，在着装时做到扬长避短。

3. 融入传统文化

本书在讲解色彩搭配原则和注意事项时将色彩的五行属性和我国古代的周礼服饰文化融入其中，使学生了解色彩适用的场合。

4. 知识层层递进

本书每个知识点都遵循让学生发现自己—了解自己—成为更好的自己的编写规则，形成了一套个人形象管理的知识体系。

本书四季色彩理论借鉴了西蔓色彩理论，其他篇幅融合了百家观点和编者多年的教学经验。书中所用图片一部分源自时装周，一部分由 AI 生成。

本书由山东商业职业技术学院张玉清老师担任主编并负责全书撰写、统稿，教材在编写的过程中，得到山东花物堂生物科技有限公司的指导和帮助，由于编者水平有限，书中难免有疏漏之处，敬请广大学者和使用此教材的师生给出批评指正。

编者

目录

第一篇

色 彩 篇

学习目标

知识目标

1. 了解色彩的基础知识，掌握色彩视错原理在服饰搭配中的使用。
2. 了解四季肤色的特点，掌握四季肤色服饰搭配原则。
3. 掌握色彩搭配的 4 个原则和 5 个注意事项。

能力目标

1. 能够运用色彩视错原理对不同体型群体进行服饰搭配。
2. 能够辨别不同肤色群体，并对其进行色彩搭配指导。

素质目标

1. 掌握色彩搭配方法，提升审美能力。
2. 了解搭配知识，讲好中国故事，传播中华优秀传统审美文化。

情境导入

在生活中，你是否发现和遇到过这种情况？穿上价格昂贵的服装却并不显得高级，漂亮颜色的衣服穿在自己身上显得皮肤更加暗淡了；在人群中没有辨识度；涂口红后牙齿变得更黄了。这都是因为你的服装颜色没有选对，选对了服装颜色就如同拍照用了滤镜和反光板。那怎么选择颜色呢？

第一讲 色彩规律分析

一、色彩物理学原理概述

色彩是服饰搭配中的重要元素，不管对于设计师、艺术家，还是普通人来说，理解和运用色彩都非常重要。

（一）色彩概述

1. 色彩的产生

光是色彩的重要来源。色彩是光刺激眼睛再传入大脑的视觉中枢产生的感觉，是光→物体→眼睛→大脑的整体过程。

1666 年，英国物理学家牛顿利用三棱镜证明了自然光包含了所有的光谱色（见图 1－1），而物体色是对太阳光的反射形成的。

当白光通过三棱镜时，各种色光由于波长不同，会有不同的折射率。其中，红色光波长最长，折射率最小；而紫色光波长最短，折射率最大。

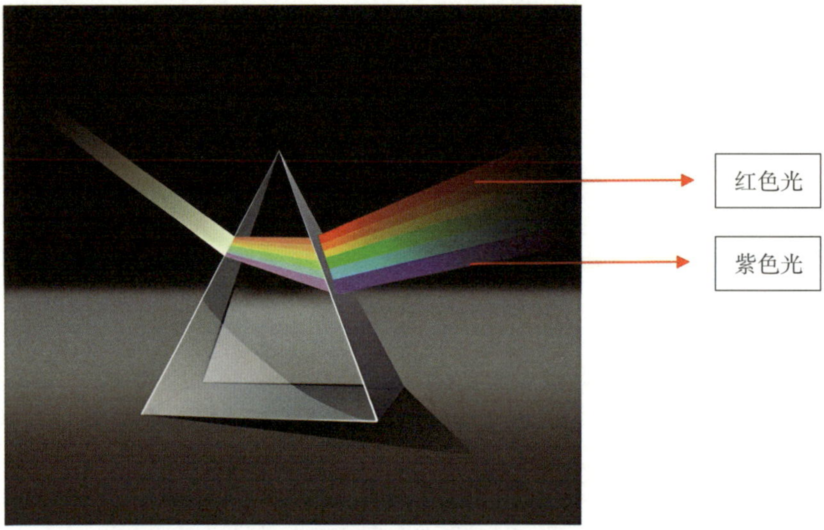

图 1－1　光谱

2. 色彩物理学原理在生活中的应用

（1）红色光。红色光的波长最长，穿透周围介质的能力也最强，在空气中传播得更远。而且，人的眼睛对红色相对较敏感，所以以红色光作为停止的标志可以最大限度地减少事故的发生。同时，在工业安全用色中，红色也是警告、危险、禁止、防火的指定色。

（2）黄色光。黄色光的波长仅次于红色光，可以传播的距离比较远，因此被用作缓行信号。在工业安全用色中，黄色也属于一种危险警告色，常用来警告危险或提醒注意，如工程用的大型机器，学生用的雨衣、雨鞋等，都使用黄色来引起人们的注意（见图 1－2）。

（3）绿色光。绿色光也是波长较长的一种色光，可以传播的距离也相对较远，同时，因为绿色和红色的区别最分明，易于辨别，所以它们被用作交通信号的标志。在工业安全用色中，绿色提供给人们允许、安全的信息。除此之外，绿色还包含清爽、理想、希望、生长等含义，被广泛地用于生活中（见图 1－3）。

图 1－2　交通信号灯和警示符号

图 1－3　绿色环保符号

（二）色彩的常用名词

1. 三原色

RGB 色彩模式：发光体的三原色即红（R）、绿（G）、蓝（B），它们被称为色光三原色。

CMYK 色彩模式：颜料最基本的颜色为红、黄、蓝，这三种颜色被称为颜料三原色。这三种原色颜色纯正、鲜明、强烈，将其按照一定比例混合，就会变成黑色。这三种原色本身是调不出的，但是用它们可以调配出多种色相的色彩。在 CMYK 色彩模式中，C 代表青色（Cyan），M 代表洋红色（Magenta），Y 代表黄色（Yellow），K 代表黑色（Black）。

色光三原色和颜料三原色如图 1－4 所示。

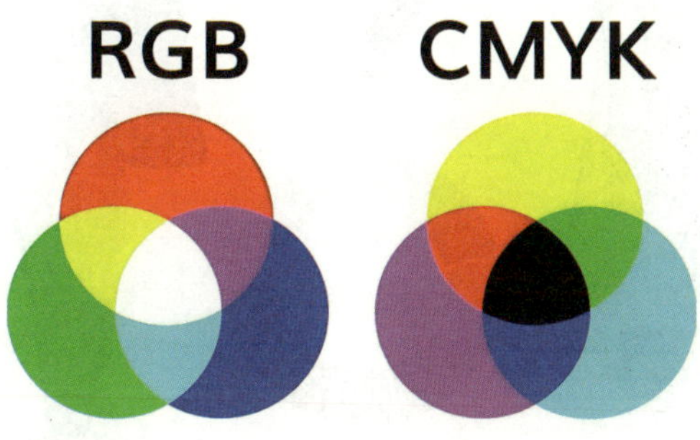

图 1－4　色光三原色和颜料三原色

2. 色彩的三要素

（1）色相。色相是指色彩的相貌，是色彩最显著的特征，是不同波长的色彩被感觉的结果。光谱上的红、橙、黄、绿、青、蓝、紫就是七种不同的基本色相，一般可以用色相环来表示（见图 1－5）。

图 1－5　色相环和色相搭配

1）同类色搭配：色相环中在 30°之间的色彩，是通过同一种色相在明度、纯度上的不同变化来进行配色的，可表现含蓄、静态、稳重的美感，但如果搭配不当，就很容易让人感觉软弱、呆板、单调。

我们可以通过明度、面料肌理加强对比，增加层次感（见图 1－6）。

图 1－6　同类色搭配

2）邻近色搭配：在色相环中呈 60°角的相邻两色的对比关系，比同类色对比更强，显得活泼丰富。这种搭配方式不仅给人视觉上的统一感，而且活跃有层次（见图 1－7）。

图 1－7　邻近色搭配

3）对比色搭配：在色相环中呈 120°角，间隔一个色相的对比关系，对比效果生动活泼、强烈而饱满。这种色彩搭配的视觉冲击力强、可视度高。在搭配中只有运用协调原理（面积调整、加入中间色调和），才能取得视觉的均衡（见图 1－8）。

图 1－8　对比色搭配

4）互补色搭配：在色相环上呈 180°角的两色的搭配。这些颜色搭配会引起强烈的对比，会感到红的更红、绿的更绿。在互补色的配色中需要以一个颜色作为主体，以另一个颜色作为点缀。在面积占比差不多的情况下，降低颜色的纯度是一个很好的解决办法，而且需要加入其他相对沉稳的颜色作为衔接和调和（见图 1－9）。

图 1－9　互补色搭配

5）全色相环搭配：多色和花色搭配视觉呈现。色彩既丰富又符合人的视觉、心理平衡。要注意单色和多色搭配时，单色一般使用花色中出现的颜色（见图 1－10）。

图 1－10　全色相环搭配

（2）明度。明度是指色彩的明暗、深浅程度的差别，它取决于反射光的强弱。它包括两个含义：一是一种颜色本身的明与暗，二是不同色相之间存在明与暗的差别（见图 1 - 11）。

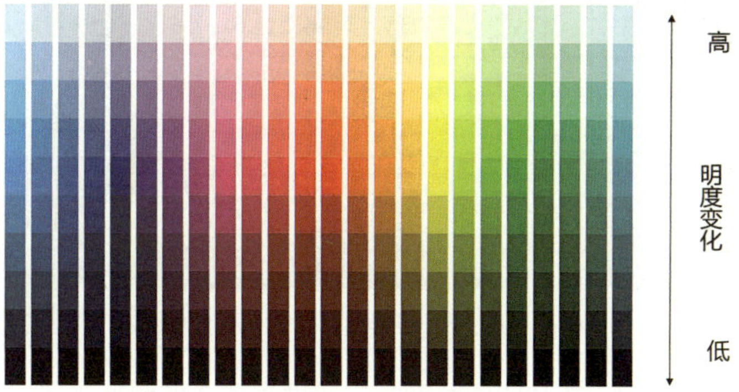

图 1 - 11　明度变化表

（3）纯度。纯度是指色彩的鲜艳度、饱和度（见图 1 - 12）。

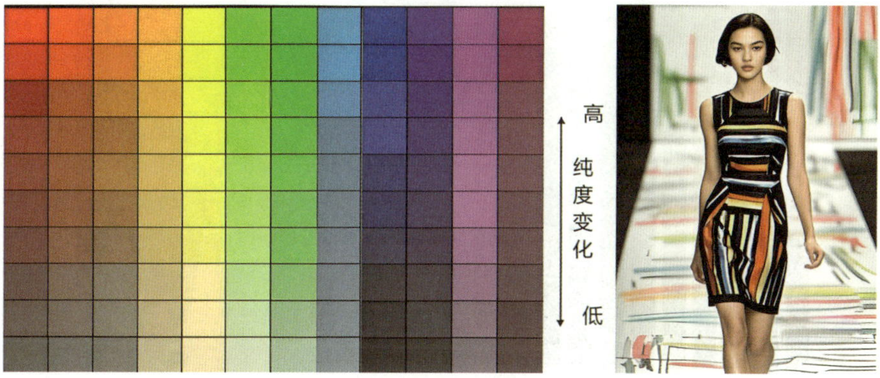

图 1 - 12　纯度变化及搭配

3. 色调

色调是指色彩搭配中色彩的总体倾向，是大的色彩效果。

（1）以色相为主的色调，如红色色调、黄色色调、绿色色调等（见图 1 - 13）。

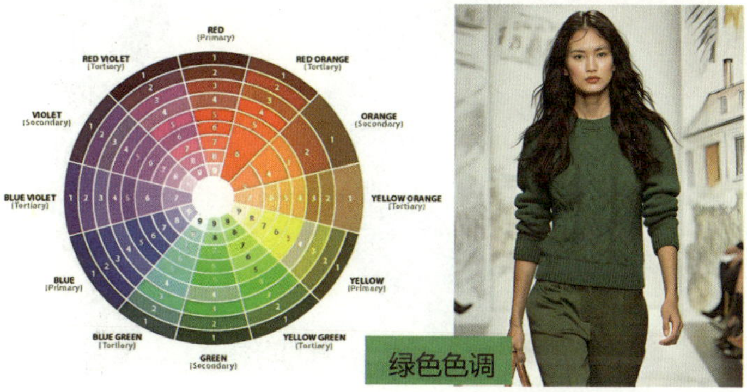

图 1 - 13　色相色调——绿色色调搭配

（2）以纯度为主的色调，如清色色调、浊色色调（见图 1－14）。

图 1－14　纯度色调——浊色色调搭配

（3）以明度为主的色调，如高明度色调、中明度色调、低明度色调（见图 1－15）。

图 1－15　明度色调——高明度色调搭配

（4）以冷暖为主的色调，如冷色色调、暖色色调（见图 1－16）。

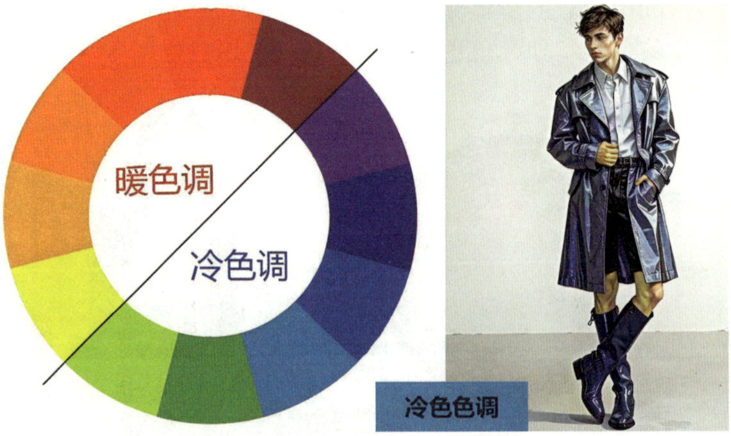

图 1－16　冷暖色调——冷色色调搭配

二、色彩视错原理

色彩视错（错觉）是指人的视觉由于受到周围环境色彩的影响，对色彩产生错觉，比如同一种灰色看上去深浅不一，同一色相的颜色看上去鲜艳程度不一。这些都是色彩的对比在起作用，只要色彩对比因素存在，错觉现象就会产生。

（一）几何视错及搭配应用

几何视错是指在由线条组合成的几何图形中，因构成图形的几何元素之间彼此影响，观察者对几何图形的长度、方向、大小和形状等的认识与事实不符的现象。

1. 竖条纹搭配及应用

竖条纹的数量越少、线条越宽，越能显瘦；竖条纹越细密、排列数量越多，反而会更加显胖（见图 1－17）。

图 1－17　竖条纹搭配效果

2. 横条纹搭配及应用

研究表明，宽度在 2.5 厘米以下，数量在 20 条以上的横条纹适合大多数想显瘦的人，让身材“看上去”更苗条一些；而线条越宽、数量越少的横条纹则比较显胖（见图 1－18）。

图 1－18　横条纹搭配效果

3. 斜条纹搭配及应用

斜线相对于横线具有不稳定、倾倒、分离的特性，斜线较水平线和垂直线而言，显得更具有动感和不安定感，在搭配中会更具有视错效果（见图 1－19）。

图 1－19　斜条纹搭配效果

4. 圆形图形搭配及应用

面积比较大的图案显胖，面积小而密集的图案显瘦。所以身材比较矮小和体型偏胖的人不适合穿对比强烈的大图案，单色或者细小密集、整体感强的图案具有矫正体型的作用（见图 1－20）。

图 1－20 圆形图形搭配效果

（二）色彩膨胀与收缩的面积视错及搭配应用

颜色会产生膨胀和收缩的面积视错。浅色、暖色具有膨胀感，深色、冷色具有收缩感。所以可以利用色彩的面积视错调整体重（见图 1－21）。

图 1-21　色彩的面积视错搭配

（三）色彩前进与后退的空间视错及搭配应用

具有前进感觉的颜色是高明度、高纯度的暖色。具有后退感觉的颜色是低明度、低纯度的冷色。这也是“显眼包”搭配技巧，如图 1-22 中人物与背景色彩的搭配。

图 1-22　色彩的空间视错搭配

（四）色彩轻与重的量感视错及搭配应用

高明度、暖色调让人感觉轻盈，低明度、冷色调具有重量感。所以，深色、冷色不一定能让人显瘦（见图 1－23）。

图 1－23　色彩的量感视错搭配

（五）色彩兴奋与沉静的精神视错及搭配应用

高纯度、高明度、强对比的暖色调让人兴奋，低纯度、低明度、弱对比的冷色调让人沉静。这就是职业装、校服都采用冷色调，而服务员、运动竞技比赛的服装则采用能让人兴奋的暖色调的原因（见图 1－24）。

图 1－24　色彩的精神视错搭配

（六）色彩明快与忧郁、活泼与庄重的性格视错及搭配应用

强对比、高明度色调具有明快、亲和力强、活泼的特征，弱对比、低明度色调具有忧

郁、疏离、庄重的特征。

我们可以利用这种视错原理进行心理治疗和引导，也可以用它调整我们的外向或内向的性格，缓和人际关系。这种视错原理对于不同职位、不同身份人物的着装也具有指导性（见图 1－25）。

图 1－25　色彩的性格视错搭配

（七）色彩华丽与质朴的身份视错及搭配应用

高纯度、高明度色调具有华丽感，低纯度、低明度色调具有质朴感。我们可以运用这种原理根据不同场合选择服装的颜色，以增加自己的亲和力（见图 1－26）。

图 1－26　色彩的身份视错搭配

（八）色彩软与硬的触感视错及搭配应用

高明度、暖色调和低纯度色令人感觉柔软，低明度、冷色调和高纯度色令人感觉硬朗。

在实际应用中，我们可以看到，女装、家居服、内衣、婴幼儿服饰、卧室家装大部分采用柔和感觉的色彩搭配，男装、职业装、办公场所大部分采用的是硬朗感觉的色彩搭配（见图 1-27）。

图 1-27　色彩的触感视错搭配

能力培养与训练

利用色彩视错原理为某一群体进行色彩搭配

实训目标

以某一群体为例，将项目小组选择的群体作为调研对象，分析这一群体的特征，给出色彩搭配方案。

实践步骤

1. 分组讨论选择群体。
2. 小组讨论某一群体的特征：着装场合、个性特征、生活方式等。
3. 给出色彩搭配及方案和图例。
4. 分组演示汇报 PPT。
5. 学生相互点评，教师总评。

实践成果

某一群体色彩搭配方案，汇报 PPT。

考核评价

个人形象设计课程考核方案

课程名称	个人形象设计	任课教师			
适用班级：			满分：100 分		
考评项目	考核范围	评价方式	项目满分	权重	完成时限
某一群体的特征分析	特征分析的准确性	教师分析评判	100	30%	2 课时
搭配方案	1. 色彩视错原理应用符合群体特征 2. 色彩搭配方案合理	教师分析评判	100	40%	
PPT 制作及汇报	1. 条理清晰 2. 简洁、美观 3. 讲解同学仪态、语言、形象良好	教师分析评判	100	30%	

第二讲 四季肤色诊断及搭配技巧

一、四季色彩理论简介

四季色彩理论是当今国际时尚界十分热门的话题，它由“色彩第一夫人”——美国的卡洛尔·杰克逊女士发明，并迅速风靡欧美，后由佐藤泰子引入日本，研制成适合亚洲人的颜色体系。

四季色彩理论将人体色大致分为“春、夏、秋、冬”四个季型，并且将每个季型人体色的显著特征都做了归纳和总结。

由于每一组色群的颜色刚好与大自然的四季的色彩特征相吻合，因此，这四组色群被分别命名为“春”“秋”（暖色系）和“夏”“冬”（冷色系）（见图 1－28）。

二、四季肤色诊断方法及用色技巧

（一）诊断方法

科学的诊断方法是用色布进行诊断。一般女士用 20 块色布（男士用 16 块色布）分别代表春、夏、秋、冬四个季节的几种颜色（见图 1－29）。

图 1－28　四季色彩与四季肤色

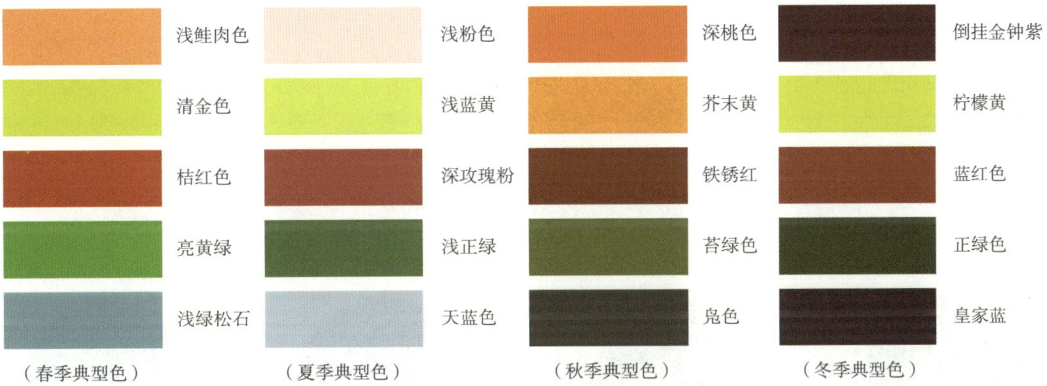

图 1－29　女士用诊断色布

（二）四季肤色用色技巧

1. 春季型肤色的测试与用色搭配技巧

（1）标准春季型（亮春型）人体色常见外观特征。

肤色特征：浅象牙色、暖米色、粉色，肤质细腻，具有透明感。脸上呈现珊瑚粉色、鲑鱼肉色、桃粉色的红晕。

眼睛特征：像玻璃球一样熠熠生辉，活跃、灵活，水汪汪的。眼珠为亮茶色、黄玉色、琥珀色，眼白呈湖蓝色，瞳孔呈棕色。

发色特征：明亮如绢的茶色，柔和的棕黄色、浅棕色、栗色，发质柔软。

瑕疵：通常雀斑比较明显。

嘴唇：呈珊瑚红色、桃红色，自然唇色较为突出。

外貌印象：春季型人给人的第一印象是有一种阳光照耀的明媚感，白皙光滑的脸上透着珊瑚粉般的红润，明亮的眼睛显露出清纯的气质，快乐、朝气、充满活力（见图 1－30）。

（2）春季型肤色测试步骤。

步骤一：洁面、束发，佩戴白色围布（因为妆容可改变本来肤色，影响诊断结果）（见图 1－31）。

图 1－30 标准春季型人体色常见外观特征

图 1－31 步骤一

步骤二：冷暖测试。先用春、夏两组色布进行冷暖比对测试，注意观察人脸部的变化：是否整体感强、脸色健康、提亮，瑕疵变少。通过观察你会发现暖色布使她肤色显得健康红润（见图 1－32）。

步骤三：季节测试。确定了暖基调后，将春、秋两组色布进行比较。整体感强、脸色健康、明亮为其合适的颜色——春（见图 1－33）。

图 1－32 步骤二

图 1－33 步骤三

适合春季型人的最佳服饰色彩群建议及应用图例如图 1－34 所示。

图 1－34　适合春季型人的最佳服饰色彩群建议及应用图例

(3) 标准春季型人色彩搭配技巧。

1) 颜色不能太旧、太暗。春季型人的服饰基调属于暖色系中的明亮色调。

2) 春季型人使用范围最广的颜色是黄色，选择红色时，以橙红、橘红为主。

3) 黑白灰的应用。黑色是最不适合的颜色，选择白色时应选择泛黄色调的象牙白色，选择灰色时应选择浅暖灰和中暖灰等有光泽、带有明亮感的灰色。

4) 化妆用色要选择明亮、轻快的暖色系。眼影色采用明亮的浅金棕色系和近年流行的金黄色。口红、腮红适合珊瑚粉和橘红系。

特别标注：春季型男士的色彩搭配及应用。

在明亮的暖色系中选择，但是西装用色纯度较低，衬衣、休闲装和点缀用色明度、纯度相对较高（见图 1－35）。

图 1－35　春季型男士典型色彩群建议及搭配应用图例

2. 夏季型肤色的测试与用色搭配技巧

(1) 标准夏季型（淡夏型）人体色常见外观特征。

肤色特征：粉白、乳白色皮肤，带蓝色调的褐色、小麦色皮肤。肤质白皙、柔和、健康。腮红多呈玫瑰粉色，白里透红。标准夏季型人脸上容易出现红晕。

眼睛特征：目光柔和，整体感觉温柔，眼珠呈焦茶色、深棕色、玫瑰棕色。眼白呈柔白、淡蓝色。

发色特征：轻柔的黑色、灰黑色，柔和的棕色或深棕色，发质柔软。

瑕疵：通常易晒黑。

嘴唇：呈玫瑰红、粉色。

外貌印象：夏季型人拥有健康的肤色、水粉色的红晕、浅玫瑰色的嘴唇、柔软的黑发，给人以非常柔和、优雅的整体印象（见图 1－36）。

(2) 夏季型肤色测试步骤。

步骤一：洁面、束发，佩戴白色围布（见图 1－37）。

图 1－36　标准夏季型人体色常见外观特征

图 1－37　步骤一

步骤二：冷暖测试。先用春、夏两组色布进行冷暖比对测试，注意观察人脸部的变化。整体感强、脸色健康、提亮为其合适的颜色——冷（见图 1－38）。

步骤三：季节测试。确定了冷基调后，用夏、冬两组色布进行比较测试。整体感强、脸色健康、明亮为其合适的颜色——夏（见图 1－39）。

图 1－38　步骤二

图 1－39　步骤三

适合夏季型人的最佳服饰色彩群建议及应用图例如图 1－40 所示。

图 1－40　适合夏季型人的最佳服饰色彩群建议及应用图例

（3）标准夏季型人色彩搭配技巧。

1）夏季型人最适合柔和且不发黄的颜色。颜色要柔和、淡雅。

2）黑白灰的应用。夏季型人不适合穿黑色，可用一些浅淡的蓝灰色、紫色来代替黑色；夏季型人穿灰色会非常高雅，但要注意选择浅至中度的灰；夏季型人适合乳白色。

3）夏季型人适合佩戴清澈、浅淡且色泽明亮、干净的各类宝石，其中又以冷色系的乳白色珍珠、水晶、玻璃质感的饰品，以及色泽清澈的紫、蓝宝石为最佳，特别能体现出典雅的气质。

特别标注：夏季型男士的色彩搭配及应用。

在高明度的冷色系中选择，但是西装用色纯度应较低，衬衣、休闲装和点缀用色明度、纯度相对较高（见图 1－41）。

图 1－41　夏季型男士典型色彩群建议及搭配应用图例

3. 秋季型肤色的测试与用色搭配技巧

(1) 标准秋季型（深秋型）人体色常见外观特征。

肤色特征：拥有高明度到中明度的象牙色皮肤，温暖的金棕色，带黄调褐色，不带红晕，肤质有瓷器感觉。

眼睛特征：眼睛亮而眼仁呈棕色，对比不强烈，目光沉稳。

发色特征：颜色偏深棕色到黑色，有的人眉毛较浓。

嘴唇：泛白，一部分人为深紫色。

外貌印象：秋季型人端庄而成熟，有匀整如瓷器般的皮肤、沉稳的眼神，给人一种处变不惊的感觉。秋季型人如大自然的秋天一般带给我们浓郁、丰盈的感觉（见图 1-42）。

(2) 秋季型肤色测试步骤。

步骤一：洁面、束发，佩戴白色围布（见图 1-43）。

图 1-42　标准秋季型人体色常见外观特征

图 1-43　步骤一

步骤二：冷暖测试。先用春、夏两组色布进行冷暖比对测试，注意观察人脸部的变化。整体感强、脸色健康为其合适的颜色——暖（见图 1-44）。

步骤三：季节测试。确定了暖基调后，用春、秋两组色布进行比较测试。整体感强、脸色健康、明亮为其合适的颜色——秋（见图 1-45）。

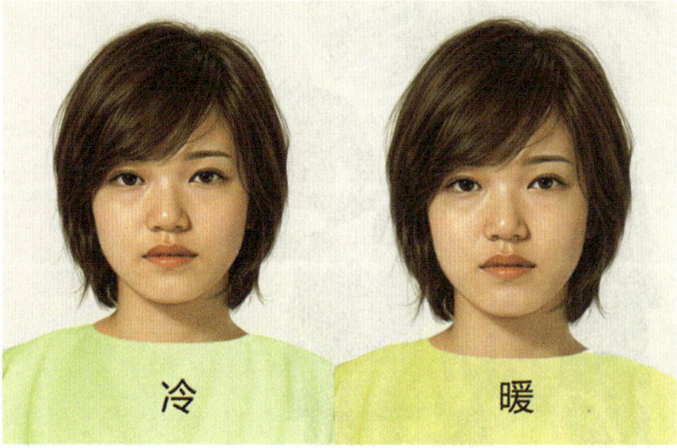

图 1-44　步骤二

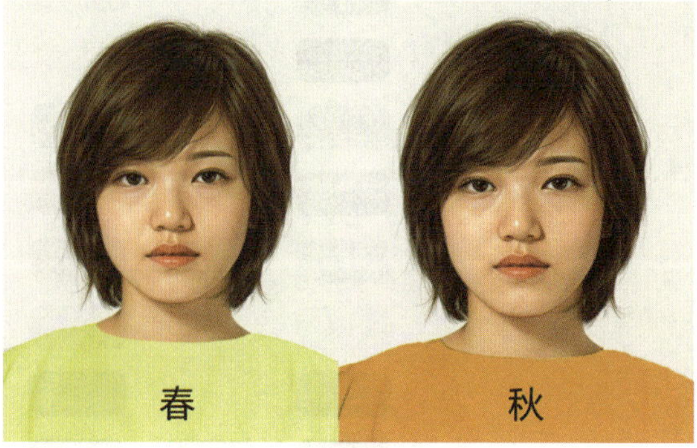

图 1-45　步骤三

适合秋季型人的最佳服饰色彩群建议及应用图例如图 1-46 所示。

图 1-46　适合秋季型人的最佳服饰色彩群建议及应用图例

（3）标准秋季型人色彩搭配技巧。

1）秋季型人适合穿着以黄色为主色调的各种浓郁的、华丽的、自然生态的颜色，适合有光泽感的颜色。

2）黑白灰的应用。秋季型人不适合黑色、灰色，白色则应是牡蛎色。

3）秋季型人不适合强烈对比，只能在相同色系或相邻色系中进行浓淡搭配。

4）首饰的颜色以浓重的金色调及大自然的色调为主，比如泥金、哑金、琥珀、玛瑙、铜色、贝壳、木质的首饰等。忌用银色系首饰。

特别标注：秋季型男士的色彩搭配及应用。

在浓郁的暖色系中选择，但是西装用色纯度应较低，衬衣、休闲装和点缀用色明度、纯度相对较高（见图 1-47）。

图 1-47　秋季型男士典型色彩群建议及搭配应用图例

4. 冬季型肤色的测试与用色搭配技巧

（1）标准冬季型（深冬型）人体色常见外观特征。

肤色特征：青白色、暗橄榄绿、青调黄褐色、暗褐色、偏白的黄褐色。肤质低调偏白偏青，有光泽，少有红晕。

眼睛特征：黑白分明，目光坚定、锐利、有神，眼珠呈深黑色、焦茶色、深棕色、黑色、榛子褐、灰色，有的人眼球虹膜有灰圈，眼白呈冷白色。

发色特征：黑色、黑褐色、灰黑色、酒红色，发质较硬、有光泽感。

嘴唇：呈玫瑰色系。

外貌印象：冬季型人是东方女性的代表形象，拥有一头优质的黑发以及锐利有神的眼睛，演绎出干练、艳丽的特质。黑发白肤与眉眼间锐利鲜明的对比给人充满个性、与众不同的深刻印象（见图 1-48）。

（2）冬季型肤色测试步骤。

步骤一：洁面、束发，佩戴白色围布（见图 1-49）。

图 1-48　标准冬季型人体色常见外观特征

图 1-49　步骤一

步骤二：冷暖测试。先用春、夏两组色布进行冷暖比对测试，注意观察人脸部的变化。整体感强、脸色健康为其合适的颜色——冷（见图 1-50）。

步骤三：季节测试。确定了冷基调后，用夏、冬两组色布进行比较测试。整体感强、脸色健康、精神为其合适的颜色——冬（见图 1-51）。

图 1-50　步骤二

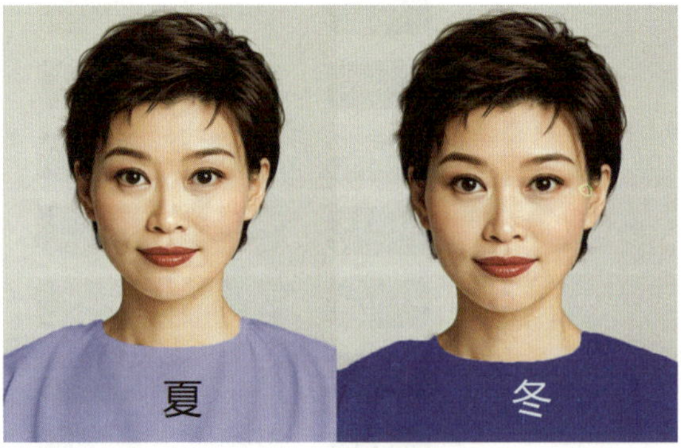

图 1-51　步骤三

适合冬季型人的最佳服饰色彩群建议及应用图例如图 1-52 所示。

图 1－52　适合冬季型人的最佳服饰色彩群建议及应用图例

（3）标准冬季型人色彩搭配技巧。

1）冬季型人在色彩搭配上应遵循跳跃、对比分明的原则。

2）色彩基调体现的是“冰”色，冬季型人用以蓝色为底调的颜色最为合适，可以尽情地运用多种纯正色彩来装扮自己。

3）冬季型人适合纯白色、深浅不同的灰色，也非常适合黑色。

4）首饰的颜色以亮银色、白金为主，适合钻石、纯白珍珠或黑色、灰色、紫色的珍珠及蓝宝石、红宝石等，首饰的托架应为银色，忌用黄金类、木质类饰品。

特别标注：冬季型男士的色彩搭配及应用。

其颜色选择范围应在冷色调中。西装用色纯度应较低，衬衣、休闲装和点缀用色明度、纯度相对较高（见图 1－53）。

图 1－53　冬季型男士典型色彩群建议及搭配应用图例

能力培养与训练

利用四季肤色色彩测试方法进行肤色诊断和色彩搭配

实训目标

小组同学相互分析基本肤色特征，然后利用色布测试，诊断出肤色季型并给出色彩搭配方案。

实践步骤

1. 分组，小组成员相互分析基本肤色特征。
2. 利用色布测试。
3. 给出色彩搭配及方案和图例。
4. 模特展示。
5. 学生相互点评，教师总评。

实践成果

四季肤色色彩测试及搭配方案，模特展示。

考核评价

个人形象设计课程考核方案

<table>
<tr><td>课程名称</td><td>个人形象设计</td><td>任课教师</td><td colspan="3"></td></tr>
<tr><td colspan="3">适用班级：</td><td colspan="3">满分：100 分</td></tr>
<tr><td>考评项目</td><td>考核范围</td><td>评价方式</td><td>项目满分</td><td>权重</td><td>完成时限</td></tr>
<tr><td>基本肤色特征分析</td><td>根据基本肤色特征初步诊断肤色季型</td><td>教师分析评判</td><td>100</td><td>30%</td><td rowspan="3">2 课时</td></tr>
<tr><td>色布测试</td><td>1. 测试步骤
2. 测试结果
3. 色彩搭配方案</td><td>教师分析评判</td><td>100</td><td>30%</td></tr>
<tr><td>模特展示</td><td>1. 色彩选择符合模特肤色
2. 整体搭配协调</td><td>教师分析评判</td><td>100</td><td>40%</td></tr>
</table>

第三讲　服装色彩搭配原则及注意事项

一、服装色彩搭配原则

（一）根据个人肤色季型搭配

服装搭配首先要根据个人的肤色进行搭配。不管人体肤色是白还是黑，是明亮还是暗沉，只要用对了颜色，就能衬托出健康、亮丽的肤色。如果搭配不当，就会使皮肤暗沉、没有光泽，整体形象不突出（见图 1-54）。

图 1-54　根据个人肤色季型搭配

（二）根据场合搭配

有时因为职业和场合的需要，我们不得不放弃自己的个性，服从大局。在严肃庄重的场合，要搭配深色、低纯度色的服装；在轻松愉悦的氛围中，可以搭配高明度色和对比色（见图 1-55）。

（三）颜色间隔

如果因为场合的要求不得不选择不适合自己肤色的服装，我们可以通过符合人体色的配饰、衬衣、打底等来调整，即接近脸部的服饰品要用自己肤色季型的颜色（见图 1-56）。

图 1－55　根据场合进行搭配

图 1－56　颜色间隔搭配原则

（四）根据流行搭配

国际流行色委员会每年两季各发布一次流行色（见图 1－57）。每个人可以根据自己的肤色特点、服饰个性以及传统、习俗进行选择，没有必要因追求流行而顾此失彼。

我们常常用一两种流行色与服饰的基本色一起搭配，这样可使服饰的颜色既保持了自我又跟上了时代的潮流。

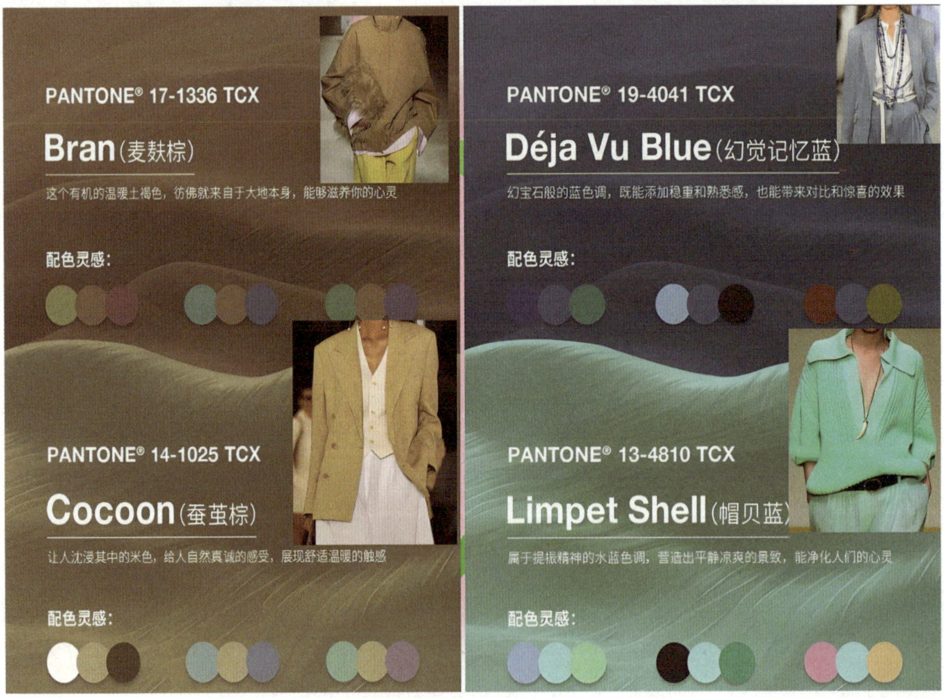

图 1－57　流行色

知识拓展：日常生活中几种主要颜色的含义

二、色彩搭配注意事项

（一）注意色彩的象征意义

人们对不同的色彩表现出不同的好恶，这种心理反应常常是因人们生活经验、利害关系以及由色彩产生的联想造成的，此外也和人的年龄、性格、素养、民族、习惯分不开。因此，我们在进行色彩搭配时，尤其是在不同场合搭配时，要考虑色彩的象征意义，具体情况具体分析，不能随心所欲。

例如：不同色彩倾向的紫色具有不同的观感（见图 1－58）。

大胆、开放、娇艳

孤寂、珍贵、恐惧

优美、浪漫、妩媚

愚昧、迷信、自私、哀伤

图 1－58　紫色的含义

（二）注意色彩的主次搭配

进行色彩搭配时，可以以色相、纯度或者明度为主。最终结果要形成一定的调性，取得大的统一、小的对比，形成面积差（见图 1－59）。

图 1－59　色彩的主次搭配

（三）注意色彩的数量搭配

服饰的颜色（大面积色彩）一般控制在 3～4 种（见图 1-60）。

图 1-60　色彩的数量搭配

有的颜色搭配数量上虽然没问题，但是还是达不到视觉的平衡。如图 1-61 所示，这种搭配感觉非常单调。解决单调的方法就是增加层次感和呼应关系。

图 1-61　单调的搭配

（四）注意色彩的呼应协调

服饰前、后、上、下应通过颜色、配饰呼应或点缀，显示和谐统一的美感，使着装效果不至于显得单调（见图 1-62）。

图 1-62　色彩的呼应协调

（五）注意多使用安全色

多使用安全色进行搭配，使着装效果显得不那么突兀或者俗气，黑、白、灰、蓝（牛仔布料）是配色中的安全色，它们最容易与其他颜色搭配并取得良好的效果（见图 1-63）。

图 1-63　安全色搭配

能力培养与训练

利用色彩搭配原则和注意事项分析搭配中的问题

实训目标

根据所学知识，小组成员相互分析服装色彩搭配中出现的问题，并予以调整。

实践步骤

1. 分组，小组成员相互分析当日着装的搭配问题。
2. 给出色彩搭配方案并进行调整。
3. 模特展示调整效果。
4. 学生相互点评，教师总评。

实践成果

调整搭配方案，模特展示。

考核评价

个人形象设计课程考核方案

课程名称	个人形象设计	任课教师			
适用班级：			满分：100 分		
考评项目	考核范围	评价方式	项目满分	权重	完成时限
搭配问题分析	是否掌握搭配的原则和注意事项	教师分析评判	100	30%	1 课时
问题调整	1. 指出搭配的问题 2. 搭配已调整	教师分析评判	100	30%	
模特展示	1. 色彩选择符合模特肤色 2. 整体搭配协调	教师分析评判	100	40%	

第二篇

体型篇

学习目标

知识目标

1. 了解体型分类及特征，掌握不同体型的服装搭配技巧。
2. 了解体型的不足，掌握如何通过服饰调整体型。

能力目标

1. 能够运用不同体型搭配技巧，对不同体型群体进行服饰搭配。
2. 能够分析不同体型的缺点，并针对不同体型进行服装款式搭配指导。

素质目标

1. 掌握标准体型的比例，提升审美能力。
2. 了解搭配知识，讲好中国故事，传播中华优秀传统审美文化。

情境导入

也许你很瘦，但不代表你身材好，也不代表你健康。

BMI 指数是在国际上常用的衡量人体胖瘦程度以及是否健康的一个标准（见图 2－1）。测试一下你的 BMI 指数。

体重体现的仅仅是胖瘦，但是人的身材比例才是视觉呈现（见图 2－2）。看看你是否属于标准比例。

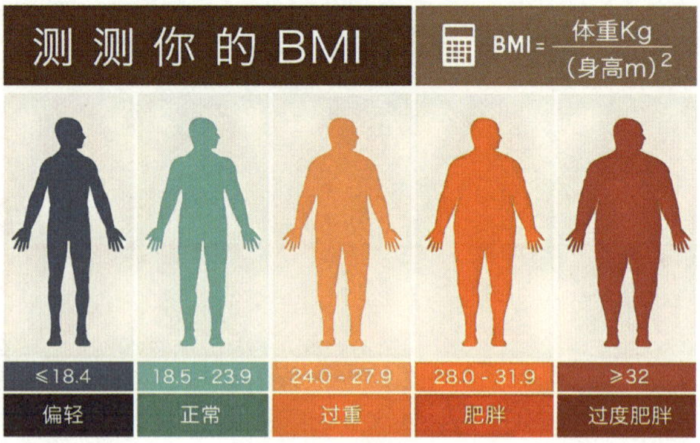

图 2－1　BMI 测试

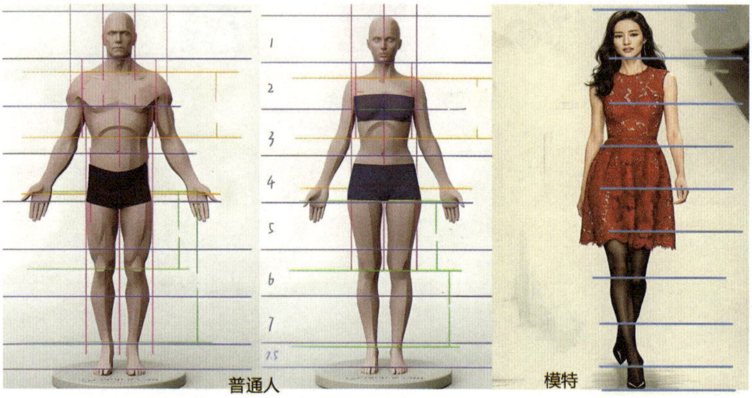

图 2－2　标准身高头身比

人的体型并不只有高矮胖瘦，还有不同的廓形。在正常体重的情况下，不同的体型特征如何扬长避短进行服饰款式的选择？在局部有些微缺点的情况下如何利用服饰修饰体型？

第一讲　不同体型服装搭配技巧

一、体型分类及特征

（一）常见的人体体型分类

常见的体型分类方法有很多种，比如字母型、几何型、水果型。字母型分类方法将体型命名为 X、H、A、Y、O 五种体型；几何型分类方法将体型命名为倒三角形、三角形、矩形、椭圆形、沙漏形五种体型；水果型分类方法将体型命名为西洋梨型、葫芦型、苹果型三种体型。下面我们选用字母型分类方法，以女性为例，通过肩部、腰部、臀部的宽窄关系形成的轮廓来判断属于哪类体型（见图 2－3）。

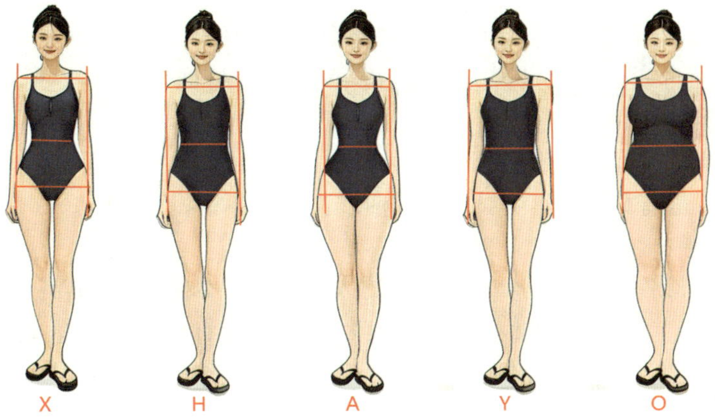

图 2－3　体型分类

（二）体型特征

1. X 形体型特征

肩膀与臀部基本同宽，腰身瘦小。腰围比臀围小 18～25 厘米。胳膊与腰部之间有明显的缝隙，身长比例均衡，骨架从小到大都有。重量分布不均，胸部丰满，腰部纤细，臀部圆润，曲线明显，也称为沙漏型。X 形体型特征如图 2－4 所示。

2. H 形体型特征

肩部与臀部的宽度接近，身体最突出特征是直线条，腰部不明显，为 H 形的轮廓线。臀围与腰围的差值小于 15 厘米。骨架从小到大都有，脂肪均衡地分布在身体各个部分，或者在腹部周围。优点是腿直长，缺点是没有明显的腰部曲线。H 形体型特征如图 2－5 所示。

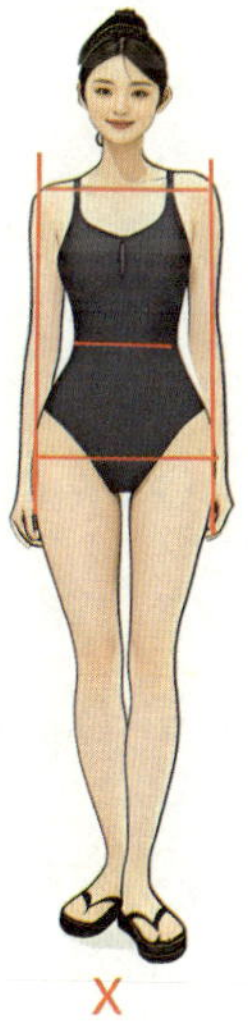

图 2－4　X 形体型

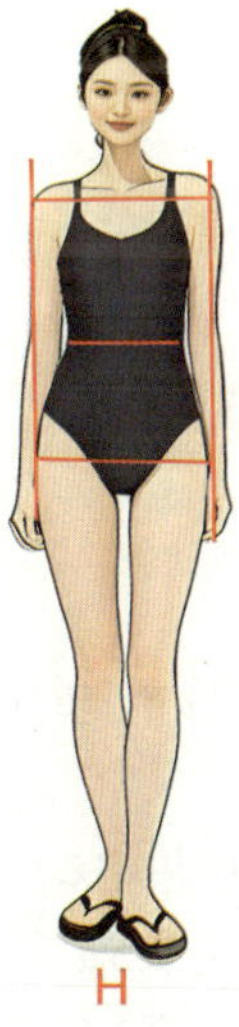

图 2－5　H 形体型

3. A 形体型特征

A 形体型最主要的特征是臀部宽大，虽不一定胖，但是臀部的宽度比肩部宽，常常溜肩。小骨架，胸部是否突出不会影响臀部在整个身体中的作用。脂肪通常在臀部、腹部与大腿上。优点是上身瘦，缺点是臀宽、腿粗。A 形体型特征如图 2－6 所示。

4. Y 形体型特征

宽肩窄臀，背部较宽，虽然胸部可能很丰满，腿部较细，但体型外部特征仍为 Y 形。优点是腿直长，缺点是肩宽，没有明显的腰部曲线。Y 形体型特征如图 2－7 所示。

5. O 形体型特征

脂肪多存于腰腹部。大部分 O 形体型的人也溜肩，胸部也较丰满。腰部的宽度大于肩部与臀部的宽度。O 形体型的人一般都较为肥胖，也有体重轻的人是 O 形体型。通常胳膊与腿为正常尺寸。O 形体型特征如图 2－8 所示。

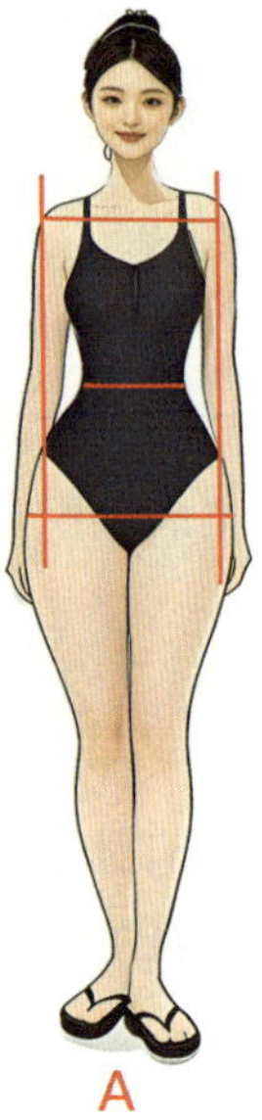

图 2－6　A 形体型

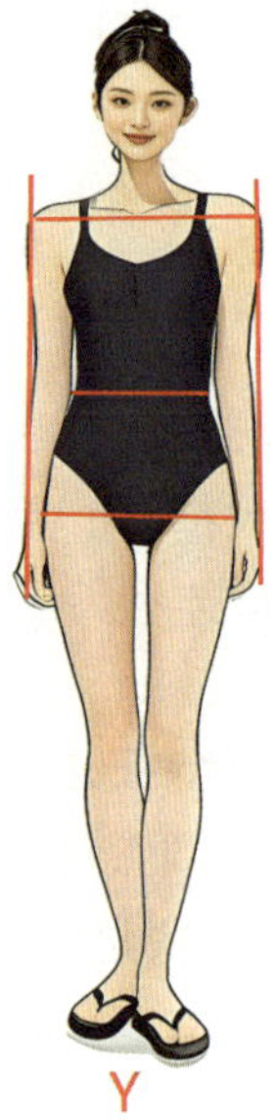

图 2－7　Y 形体型

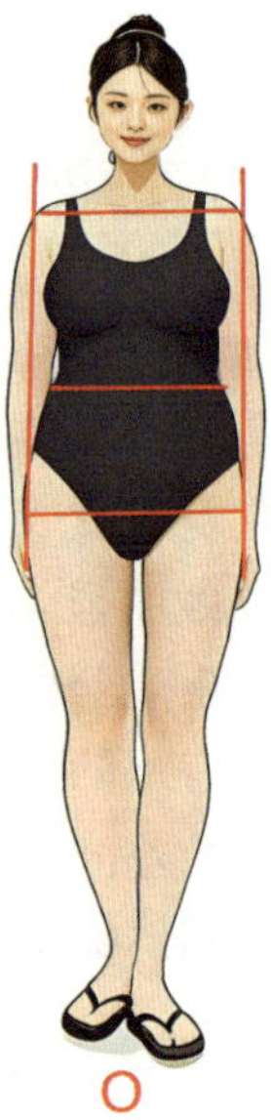

图 2－8　O 形体型

二、体型与服装搭配技巧

（一）宽窄搭配

宽窄搭配是对服装廓形的选择，服装在肩、腰、底摆的宽窄变化形成了 X、H、A、Y、O 五种廓形。

1. X 形体型与服装廓形搭配技巧

（1）廓形选择。根据扬长避短的原则，X 形体型应该选择显示腰部线条的 X 廓形服装，避开掩盖体型特征的 A 和 H 廓形服装（见图 2－9）。

图 2-9　X 形体型与 X 廓形服装

（2）搭配细节。

强调腰部曲线的方法有：

1）多使用腰带和穿着收腰的服装。

2）穿突出身材优美曲线的紧身衣。

3）穿腰部有明显装饰的服装（见图 2-10）。

图 2-10　强调腰部曲线

2. H 形体型与服装廓形搭配技巧

（1）廓形选择。H 形体型应选择的服装为 H（Y、A、X）廓形服装。

这种体型的女性，如果身高在 175 厘米以上，为国际标准时装模特的体型；适宜直线剪裁但不紧身的 H 廓形的服装款式，可以将粗壮的腰部有效地掩盖起来淡化曲线不明显的身材（见图 2-11）。

图 2-11　H 形体型与 H 廓形服装

另外，如果是体重标准的 H 形体型，也可以通过 Y、A、X 廓形服装来修正体型。通过夸张的肩部和底摆，对比突出腰部曲线（见图 2-12）。

图 2-12　H 形体型修正

（2）搭配细节。

1）在选择 A 廓形服装的时候一定要注意面料的质感，选择简洁、硬挺的面料，避开悬垂的面料（见图 2-13）。

图 2 - 13　H 形体型面料选择

2）避开腰部曲线。对于普通的 H 形体型的人来说，最好避开腰部曲线。避开腰部曲线的方法有两种：一是腰部用减法；二是转移视线，夸张肩部或者底摆（见图 2 - 14）。

图 2 - 14　避开腰部曲线

3. A 形体型与服装廓形搭配技巧

（1）廓形选择。在正常体重范围内，A 形体型可以选择的廓形是 Y、A、X 廓形，以遮掩较粗的臀部和大腿（见图 2 - 15）。

图 2－15　A 形体型与 Y、A、X 廓形服装

(2) 搭配细节。

1）A 形体型最适合穿高腰裙装。

2）A 形体型在着裤装时应选择阔腿裤与直筒裤（见图 2－16）。

图 2－16　高腰裙和阔腿裤

3）转移视线（上衣烦琐一些）。

4）颜色的选择——上浅下深（见图 2－17）。

5）展示腰部线条。A 形体型人腰部曲线明显，不管穿裙装还是裤装，一定要展示优点（见图 2－18）。

图 2-17　转移视线和上浅下深颜色搭配

图 2-18　展示腰部线条

4. Y 形体型与服装廓形搭配技巧

（1）廓形选择：具有修身作用的 A 廓形服装。

（2）避短方法：从视觉上削弱肩部造型，扩张下半身。

（3）搭配细节。

1）缩减上身肩宽，通过上紧下松协调身形。一是可以利用 A 廓形服装；二是选择垂直线条，避开水平线条。呈现水平效果的服装有横条纹、一字领，这种服装会有加宽肩部的感觉（见图 2-19）。

图 2-19　Y 形体型搭配细节一

2）扩宽下身臀围。主要方法：一是选择硬挺面料，加大底摆造型；二是利用上深下浅的颜色搭配（见图 2-20）。

图 2-20　Y 形体型搭配细节二

5. O 形体型与服装廓形搭配技巧

（1）廓形选择：H 廓形。H 廓形的服装剪裁利落、肩部方正，适合 O 形体型的人。

（2）避短方法：简洁、利落（见图 2-21）。

图 2-21　O 形体型与 H 廓形服装

（3）搭配细节。

1）版型比颜色重要。深色虽具有收缩的视错效果，但是不如简洁的 H 廓形款式更具有隐蔽性（见图 2－22）。

2）选用挺阔的面料。O 形体型整体给人比较圆润的感觉，所以要用挺阔的呈直线形态的面料进行修正（见图 2－23）。

图 2－22　O 形体型版型选择

图 2－23　O 形体型面料选择

3）选用素色或者不太明显的图案，通过视错减肥（见图 2－24）。

4）选择 V 形或者 U 形大领口的服装。因为这类体型普遍脖子不太明显（见图 2－25）。

图 2－24　O 形体型图案选择

图 2－25　O 形体型大领口选择

5）选择细腻肌理效果的面料。因为纹理较粗的面料具有膨胀感，会使本来圆润的身材更显壮硕（见图 2－26）。

6）内搭选择深色，外搭选择浅色（见图 2－27）。

（二）长短搭配

服装的长短搭配有三种情况：一是上长下短，二是上短下长，三是上下一样长。

图 2-26　O 形体型面料肌理选择

图 2-27　O 形体型颜色搭配

1. 上长下短的搭配

上长下短搭配的优点在于：(1) 能够修饰臀部过大的缺陷。(2) 能够在视觉上形成错觉，让人显得苗条、高挑。

这种搭配适合各种体型，尤其是 A、O 形体型（见图 2-28）。

图 2-28　上长下短的搭配

2. 上短下长的搭配

上短下长的搭配的优点在于：(1) 突出下身的修长，起拉长腿长的效果。(2) 短小的上装能够突出丰满的胸部。

这种搭配适合除 O 形之外的体型。对于 A 形体型来说，上短下长的裙装最合适。上短下长的黄金点是腰线（见图 2-29）。

图 2-29 上短下长的搭配

3. 上下一样长的搭配

这种搭配过于均衡，毫无亮点。

（1）通过提高腰线调整上下身比例关系。

（2）通过色彩的统一搭配原则提高整体感（见图 2-30）。

图 2-30 上下一样长的搭配

知识拓展：服装长短搭配流行与政治、经济因素

能力培养与训练

分析体型特征给出搭配方案

实训目标

根据所学知识，小组同学相互分析体型特征，并进行服装搭配。

实践步骤

1. 小组成员相互分析体型特征，并诊断出体型类别。
2. 给出服装款式搭配方案。
3. 模特展示搭配效果。
4. 学生相互点评，教师总评。

实践成果

服装搭配，模特展示。

考核评价

个人形象设计课程考核方案

课程名称	个人形象设计	任课教师			
适用班级：			满分：100 分		
考评项目	考核范围	评价方式	项目满分	权重	完成时限
诊断体型类别	是否掌握体型特征	教师分析评判	100	30%	
服装款式搭配	1. 体现体型优点 2. 色彩符合模特肤色季节	教师分析评判	100	30%	1 课时
模特展示	1. 是否扬长避短 2. 整体搭配是否协调	教师分析评判	100	40%	

第二讲 非标准体型的服饰修饰技巧

非标准体型指的是体重不在标准范围内，头身比小于 7.5，或者四肢线条达不到以头作为标准的比例，如矮瘦体型、高瘦体型、矮胖体型、高胖体型，以及脖子和四肢粗短、腿型不直等。

一、矮瘦体型修饰技巧

矮瘦体型的特征是整体比较纤细，修饰的主要方法是增高和增加体积感。

（一）增高

1. 提高腰线

这种搭配就是塑造上短下长的视觉效果，找到腰部的黄金点。

（1）上下装搭配要掌握好上下装的分界线（见图 2-31）。

图 2-31　提高腰线搭配方法一

（2）连衣裙搭配腰带（见图 2-32）。

图 2-32　提高腰线搭配方法二

（3）外搭搭配也要注意腰部分界线（图 2－33）。

图 2－33　提高腰线搭配方法三

2. 调整服装底摆长度

服装长度若在膝盖以下，则衣服越长就越显得下半身修长，同时也显得更高。长度在膝盖以上的服装，衣服越短越显腿长，也越显高（见图 2－34）。

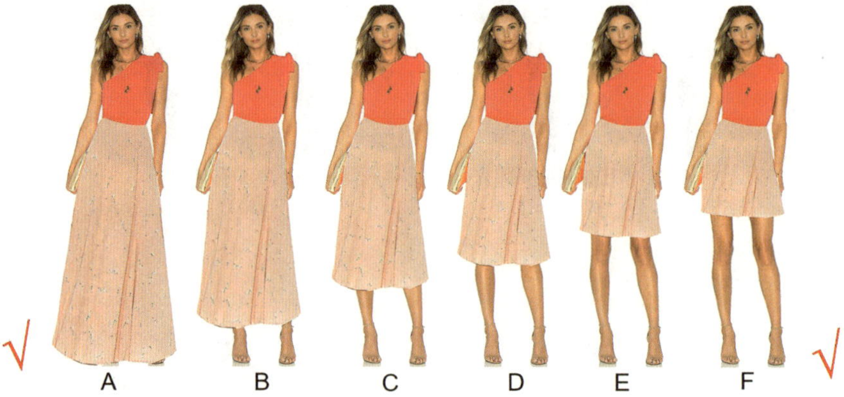

图 2－34　调整服装底摆长度

3. 选择合适的鞋子

（1）鞋子款式的选择。

脚背上没有任何装饰的基础款（高跟）单鞋最显腿长。除长靴外，无论什么款式，鞋子系带的高度都不要高于踝骨。鞋口呈 V 形（见图 2－35）。

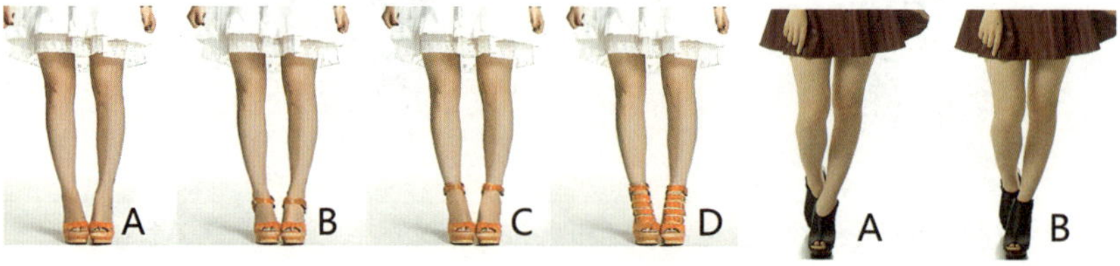

图 2－35　鞋子款式的选择

（2）鞋子颜色的选择。

穿和腿部颜色相近的鞋子，会显得腿更长。例如：黑色连裤袜配黑色高跟鞋、光腿配裸色高跟鞋（见图 2－36）。

图 2－36　鞋子颜色的选择

（二）增加体积感

1. 选用高明度色进行搭配

利用彩色的膨胀与收缩原理，选用高明度色进行搭配（见图 2－37）。

图 2－37　增加体积感的方法一

2. 使用挺括的面料

挺括的面料具有支撑性，会让过于纤细的身材有一定的空间占有性（见图 2－38）。

图 2-38　增加体积感的方法二

3. 选择松紧适度的服装

紧身或者过于肥大的服装，都会暴露身材过于纤细的缺点，应选择松紧适度的服装（见图 2-39）。

图 2-39　增加体积感的方法三

二、高瘦体型修饰技巧

高瘦体型的特征是细长，调整的方法是增加它的体积感，可以参考上面讲到的增加体积感的方法。

三、矮胖体型修饰技巧

矮胖体型的特征是脖子粗、四肢短、躯干敦实。调整的方法是显瘦、拉长。可以参照上面讲的增高方法进行整体修饰。

四、高胖体型修饰技巧

高胖体型的特征是个头高大、体胖、腹部凸出，可以参照第一讲中 O 形体型避短的方法进行整体修饰。

五、局部修饰调整技巧

（一）视错减掉肚腩

肚腩是很多人的困扰，胖人和 O 形体型的人尤其突出，可以通过以下方法减掉肚腩。

1. 视错减掉肚腩——增加胸部高度

胸部位置增高，能使突出的腹部视觉上减弱（见图 2-40）。

图 2-40　视错减掉肚腩——增加胸部高度

2. 视错减掉肚腩——转移视线

胸部以上位置的装饰或者服装领口的造型，使视觉中心向上移动，减弱了腹部的存在感（见图 2-41）。

图 2-41　视错减掉肚腩——转移视线

3. 视错减掉肚腩——增加上衣的烦琐性

上衣胸部以上造型的增加，能起到转移视觉中心的作用，可以达到和第一、第二种方法一样的效果（见图 2－42）。

图 2－42　视错减掉肚腩——增加上衣的烦琐性

4. 视错减掉肚腩——下装支撑

下装采用大廓形或者挺阔的面料进行支撑，可以遮掩住突出的腹部（见图 2－43）。

图 2－43　视错减掉肚腩——下装支撑

5. 视错减掉肚腩——加大轮廓进行遮盖

一定长度和支撑度较大的挺括廓形上衣能起到好的遮盖和对比效果（见图 2－44）。

图 2－44　视错减掉肚腩——加大轮廓进行遮盖

（二）脸大、脖子粗短的修饰技巧

拥有天鹅颈是每个女孩的梦想，它会使人身体舒展，气质高雅。但是很多人没有优雅的天鹅颈，甚至脖子粗短，看上去没有气质。一般可以通过以下方法修饰。

1. 通过领子修饰

V字领、简洁的衬衣领或西服领，有拉长脖颈的效果（见图2－45）。

图2－45　脖子粗短的修饰技巧——领子修饰

2. 通过丝巾修饰

V形丝巾的系结方式也可以修饰脖子的粗短（见图2－46）。

图2－46　脖子粗短的修饰技巧——丝巾修饰

3. 通过项链修饰

V形的长项链也能修饰脖子（见图2－47）。

4. 通过耳饰修饰

选择耳饰时，应该选择细长但不超过下颌位置长度的耳饰，不要选择面积过大的耳饰（见图2－48）。

图 2-47　脖子粗短的修饰技巧——项链修饰

图 2-48　脖子粗短的修饰技巧——耳饰修饰

5. 通过发型修饰

我们可以选择能露出脖子的短发或者把长发梳起来，不要披肩长发（见图 2-49）。

图 2-49　脖子粗短的修饰技巧——发型修饰

（三）腿短而弯曲的修饰技巧

腿短而弯曲的情况，就是俗语的罗圈腿，在进行修正的时候注意裤装与上衣的搭配关系。

（1）在颜色上，下装的颜色应该浅淡一些。

（2）在款式上，上装的变化应多一些，视觉可集中在上部，如加适量的配饰。裤子应该选直筒裤或者宽松的阔腿裤（见图 2－50）。

图 2－50　腿短而弯曲的修饰技巧

（四）手臂粗短的修饰技巧

（1）袖口长度比正常长些，并且减小袖口翻折宽度。

（2）臂上尽量不要有装饰物，会使手臂在视觉上显得长些（见图 2－51）。

图 2－51　手臂粗短的修饰技巧

体型搭配总的原则就是扬长避短。对于有缺点的部位，应该选用简洁大方的服饰。

能力培养与训练

利用体型搭配和修饰技巧选择合适的服装

实训目标

分析自己的体型特征和局部问题，给出服装款式搭配和修饰方案。

实践步骤

1. 分析体型，找出优缺点。
2. 分析人体局部比例关系。
3. 给出服装款式搭配和修饰方案。
4. 搭配展示。
5. 学生相互点评，教师总评。

实践成果

搭配出适合自己体型特征的服装款式并展示。

考核评价

个人形象设计课程考核方案

课程名称	个人形象设计	任课教师			
适用班级：			满分：100 分		
考评项目	考核范围	评价方式	项目满分	权重	完成时限
体型特征分析	体型特征分析的准确性	教师分析评判	100	30%	2 课时
搭配方案	1. 款式廓形和长短搭配 2. 局部修饰 3. 色彩搭配	教师分析评判	100	30%	
搭配效果展示	1. 体现体型优势 2. 避开体型短板 3. 色彩搭配符合肤色季型	教师分析评判	100	40%	

第三篇

脸　型　篇

学习目标

知识目标

1. 了解脸型的分类及特征，掌握不同脸型的搭配技巧。
2. 了解脸型的修饰方法，掌握如何通过服饰品调整脸型。

能力目标

1. 能够运用脸型搭配技巧对不同脸型进行服饰搭配。
2. 能够运用脸型修饰方法对脸型进行修饰指导。

素质目标

1. 掌握美的标准，包容美的多样性。
2. 了解搭配知识，讲好中国故事，传播中华优秀传统审美文化。

情境导入

艺术大师罗丹说：“生活中从不缺少美，而是缺少发现美的眼睛。”每个人都有自己独特的美。美不是统一的，而是多样的。

那么什么样的脸型是美的？如何通过服饰品修饰脸型呢？

第一讲 脸型修饰——领子修饰

一、脸型的分类

（1）按照轮廓形状分，脸型可以分为圆形脸、方形脸、长形脸、菱形脸、椭圆形脸。此外还有卵圆形脸、倒三角形脸、正三角形脸、梯形脸、五角形脸等（见图 3－1）。

（2）按照亚洲人的习惯分，脸型可以分为圆形脸、杏仁形脸、长圆形脸、长方形脸、三角形脸、方形脸等。

（3）按照汉字形象分，脸型可以分为国字脸、田字脸、用字脸、目字脸、申字脸、由字脸、甲字脸和风字脸。

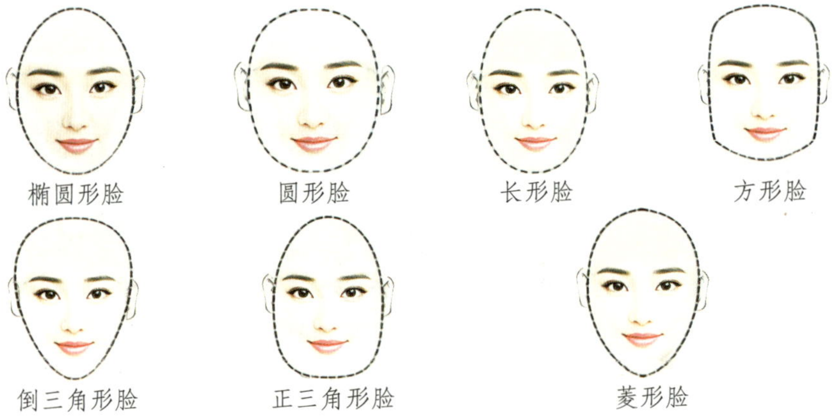

图 3－1 脸型按照轮廓形状分类

二、完美脸型的黄金标准

面部审美中一个非常重要的标准，即是否符合三庭五眼。三庭五眼就像是面部五官的布局。

三庭的划分：在双眉弓作一条水平线，通过鼻翼下缘作一条水平线，这样的两条水平线将面部横向三等分，即上 1/3 为发际线至眉间连线；中 1/3 为眉间连线至鼻翼下缘；下 1/3 为鼻翼下缘至下颏下缘。标准的上、中、下刚好三等分。

五眼的划分：外眼角至发际缘应是一只眼睛的宽度，两个内眼角之间是一只眼睛的宽度，另一侧的外眼角至发际线也应是一只眼睛的宽度。这样纵向面部刚好是五只眼睛的宽度。

三庭五眼如图 3－2 所示。

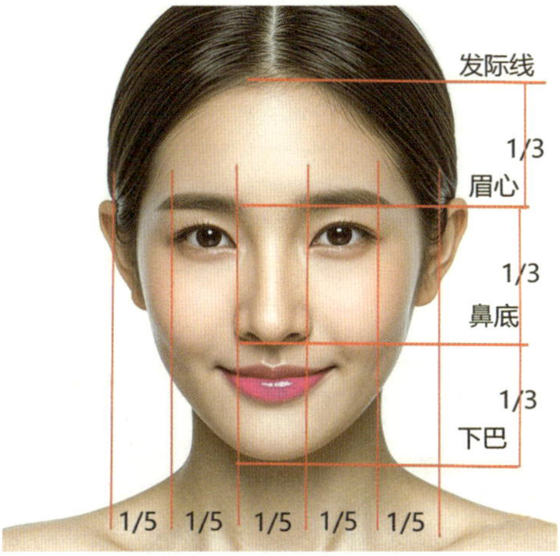

图 3－2　三庭五眼

三庭五眼的标准只是一种基础美。其实，脸型没有美丑之分。只要轮廓清晰、五官立体、下颌线角度流畅、各部位和谐就是美的（见图 3－3）。

图 3－3　不同脸型各具特色的美

三、脸型特征及领型搭配

（一）椭圆形脸特征及领型搭配

1. 特征

椭圆形脸是最完美、最理想的脸型，符合三庭五眼的标准，额头与颧骨基本等宽，比下颌稍宽，脸宽约是脸长的 2/3。下巴是微微的圆形，不会太大也不会太小。

2. 领型搭配

这种脸型因为没有什么缺陷，不需要加以修饰，所以任何领型都适合。

（二）倒三角形脸特征及领型搭配

1. 特征

倒三角形脸又称为瓜子脸，类似心形脸。上额宽大、下颌狭小，是理想的脸型之一。

2. 领型搭配

这种脸型基本适合大部分的衣领，但最好不要选择深 V 领的衣服，那样会让脸型看起来更瘦长（见图 3 - 4）。

图 3 - 4　倒三角形脸领型搭配

（三）正三角形脸特征及领型搭配

1. 特征

这种脸型额头比较窄，脸的最宽处是下颌，呈现上小下大的正三角形，在视觉上是最有稳定性的一种脸型。正三角形脸给人亲切、温和、不拘小节的感觉，同时也显得脸比较宽，缺少柔美感。

2. 领型搭配

这种脸型下颌线外扩，所以需要领子往里收拢。

适合的领型：V 领、西装领、棱角鲜明的方领、船形领、心形领等，能让脸型看起来柔和些（见图 3 - 5）。

图 3 - 5　适合正三角形脸的领型

不适合的领型：小圆领、彼得潘领、封闭式高领、一字领（见图 3 - 6）。

图 3－6　不适合正三角形脸的领型

（四）方形脸特征及领型搭配

1. 特征

方形脸的显著特征就是腮骨突出，下颌直角感非常明显。额头、脸颊、下颌差不多等宽。面部轮廓分明。脸宽基本等于脸长。比较有现代感，显得不够柔美。

2. 领型搭配

适合的领型：具有收拢效果和柔和线条的领型，如 V 领、西装领、烟囱领、大圆领、彼得潘领、船形领、一字领、心形领（见图 3－7）。

图 3－7　适合方形脸的领型

不适合的领型：因为脸型线条过于硬朗，所以不适合棱角鲜明的方领（见图 3－8）。

图 3－8　不适合方形脸的领型

（五）长形脸特征及领型搭配

1. 特征

长形脸最主要的特征就是视觉上脸比较长。额头、脸颊几乎与下颌同宽，脸颊宽度大致为脸长的 2/3。随着年龄的增长，脸颊容易凹陷，显得严肃、成熟。总体来说，长形脸偏骨感，面部轮廓直线感较强。

2. 领型搭配

适合的领型：适合呈水平线条、包裹式的领型，如高领、烟囱领、小圆领、彼得潘领、船形领、一字领等（见图 3－9）。

图 3－9　适合长形脸的领型

不适合的领型：纵向延伸的 V 领、西装领、心形领、棱角鲜明的方领。这些领型都会让本来就长的脸型更加显长（见图 3－10）。

图 3－10　不适合长形脸的领型

（六）菱形脸特征及领型搭配

1. 特征

颧骨突出甚至还带着一定程度上的颧弓外扩，前额和下颌逐渐变窄。面部轮廓分明，伴有太阳穴凹陷。

2. 领型搭配

这种脸型在领口的选择上相对禁忌比较少，线条相对硬朗，领子搭配参考长形脸即可。

（七）圆形脸特征及领型搭配

1. 特征

圆形脸的脸宽基本等于脸长。面部轮廓圆润柔和。额头、脸颊和下颌差不多均等，显得很可爱，也很显小，所以圆形脸也叫娃娃脸。

2. 领型搭配

适合的领型：需要能拉长脸型和弱化曲线的领型，主要有V领、西装领、船形领、心形领、方领、大圆领等（见图3-11）。

图3-11　适合圆形脸的领型

不适合的领型：穿上会让脸增大变宽的领型，如小圆领、彼得潘领、封闭式高领、一字领等（见图3-12）。

图3-12　不适合圆形脸的领型

能力培养与训练

分析脸型特征并搭配合适的服装领型

实训目标

分析自己脸型的特征，给出服装搭配方案。

实践步骤

1. 分析自己的脸型特征。
2. 给出服装领型搭配和修饰方案。
3. 搭配展示。
4. 学生相互点评，教师总评。

实践成果

搭配出适合自己脸型特征的服装领型。

考核评价

个人形象设计课程考核方案

<table>
<tr><td>课程名称</td><td>个人形象设计</td><td>任课教师</td><td colspan="3"></td></tr>
<tr><td colspan="3">适用班级：</td><td colspan="3">满分：100 分</td></tr>
<tr><td>考评项目</td><td>考核范围</td><td>评价方式</td><td>项目满分</td><td>权重</td><td>完成时限</td></tr>
<tr><td>脸型特征分析</td><td>脸型特征分析的准确性</td><td>教师分析评判</td><td>100</td><td>30%</td><td rowspan="3">1 课时</td></tr>
<tr><td>搭配方案</td><td>1. 领型搭配
2. 色彩搭配</td><td>教师分析评判</td><td>100</td><td>30%</td></tr>
<tr><td>搭配效果展示</td><td>1. 体现脸型优势
2. 修饰脸型轮廓和线条
3. 色彩搭配符合肤色季型</td><td>教师分析评判</td><td>100</td><td>40%</td></tr>
</table>

第二讲 脸型修饰——饰品修饰

饰品除具有装饰功能，可以美化个人形象外，还具有修饰作用。对脸部起修饰作用的饰品有耳饰、颈饰、头饰、眼镜等。我们主要从耳饰和颈饰两方面分析。

一、脸型与耳饰的搭配技巧

耳饰就是耳朵的饰品，男性和女性均可佩戴，多为金属、宝石制，有些可能是石头、木制或其他硬物料，主要造型有耳坠、耳环、耳钉三种。

（1）耳坠。耳坠是耳饰的一种，指带有下垂饰物的耳饰。

（2）耳环。耳环透过一个在耳珠内的穿洞来钩住耳朵（除夹式耳环之外），其他选择有耳骨、耳门、耳内侧等。

（3）耳钉。耳钉是耳朵上的一种饰物，比耳环小，形如钉状。

耳钉、耳坠、耳环如图 3－13 所示。

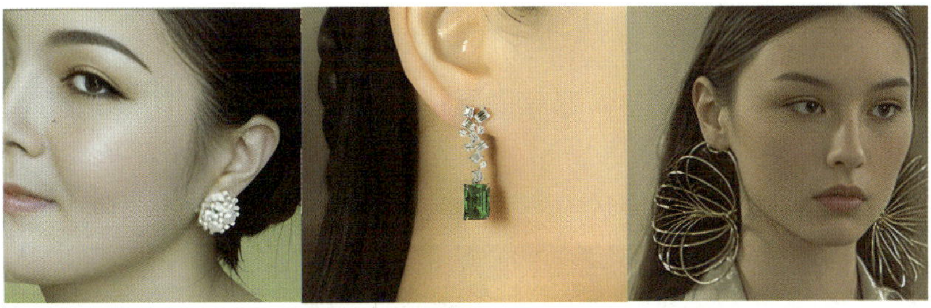

图 3-13　耳钉、耳坠、耳环

（一）倒三角形脸耳饰搭配技巧

倒三角形脸上额宽大、下颌狭小，所以需要三角形、扇形、水滴形、U 形造型的耳饰，要避免特别细长的耳饰。

搭配要点：增加下颌的宽度，避免脸型有拉长的感觉（见图 3-14）。

图 3-14　倒三角形脸耳饰搭配技巧

（二）方形脸耳饰搭配技巧

方形脸线条过于硬朗，所以适合圆形耳环和各种耳钉，避免棱角分明的耳饰。

搭配要点：柔化线条，增强圆润感。选择长度超过下巴的耳饰，这样视线才不会集中在下颌最宽部位（见图 3-15）。

图 3-15　方形脸耳饰搭配技巧

（三）正三角形脸耳饰搭配技巧

正三角形脸上额窄、下颌宽，需要收拢下颌线，所以适合各种耳钉、细长的耳坠、长于下巴的流苏耳饰。

搭配要点：避免棱角分明、上小下大和过于宽大的首饰（见图 3－16）。

图 3－16　正三角形脸耳饰搭配技巧

（四）圆形脸耳饰搭配技巧

圆形脸长度不足，曲线太强，需要拉长脸部，弱化“圆润”的视觉效果。适合带棱角状坠饰及垂悬式耳坠，并且长度要超过下巴。

搭配要点：避免短而体积大的耳饰，视觉上会拉宽脸型；避免圆形设计的耳饰（见图 3－17）。

图 3－17　圆形脸耳饰搭配技巧

（五）长形脸耳饰搭配技巧

长形脸面颊窄瘦，需要增加脸部丰满度，适合圆形大耳环，心形、扇形耳饰，明快的镶宝石的耳饰，长度以贴耳和短坠子为宜。

搭配要点：避免细长的耳坠（见图 3－18）。

图 3-18　长形脸耳饰搭配技巧

（六）菱形脸耳饰搭配技巧

菱形脸颧骨过高、缺少柔美，需要弱化脸部线条，适合流苏，以及小的圆形、椭圆形、水滴形 、叶子形、U 形等耳饰。

搭配要点：避免棱角分明的耳饰（见图 3-19）。

图 3-19　菱形脸耳饰搭配技巧

（七）椭圆形脸耳饰搭配技巧

椭圆形脸是标准脸型，可以驾驭各种造型，唯一要注意的是风格的选择（见图 3-20）。

图 3-20　椭圆形脸耳饰搭配技巧

二、脸型与颈饰的搭配技巧

颈饰是颈部装饰品，是视觉中“可读性”最强的装饰配件。颈饰包括项链、围巾、挂件、领结和领花等。下面主要讲解脸型和项链的搭配技巧。

项链是用金银、珠宝等制成的挂在颈上的链条形状的首饰。除具有装饰功能外，有些项链还具有特殊修饰作用。项链邻近面部，能修饰颈形和面部轮廓。项链造型丰富，既有面积较大、装饰性强的项链，也有富有动感、空间感和飘逸感的项链（见图 3－21）。

图 3－21　项链造型

（一）项链长度搭配

项链有不同的长度，在搭配的时候要根据脸型、脖子的长度、服装的款式和出席的场合来选择（见图 3－22）。

1. 衣领型（Collar）项链

项链长度在 30～33cm，具有复古效果，但是脖子略粗的不适合佩戴（见图 3－23）。

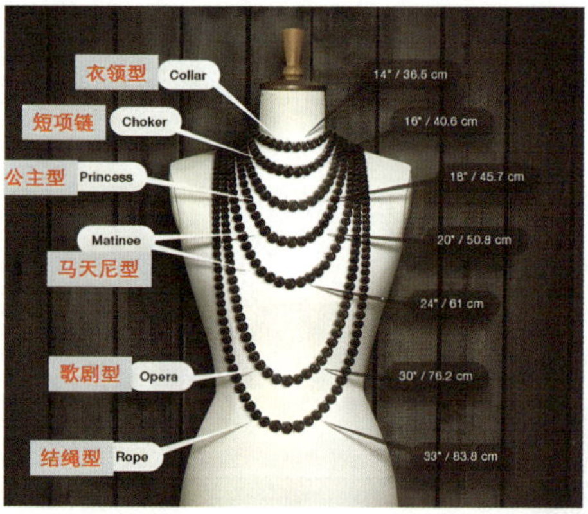

图 3－22　项链长度示意图

图 3－23　衣领型项链

2. 短项链（Choker）

项链长度在 30～40cm，垂下来刚好在锁骨下方一点，呈圆弧形，会显得比较精致。日常生活和晚宴都可以佩戴，但是不适合脖子粗短的人佩戴（见图 3－24）。

图 3-24　短项链

3. 公主型（Princess）项链

项链长度在 43～48cm。这种项链是最经常佩戴的，能立刻修饰出小 V 脸。公主型项链很适合在夏末初秋佩戴，可以搭配低领和较为夸张的领口（见图 3-25）。

图 3-25　公主型项链

4. 马天尼型（Matinee）项链

项链长度在 50～60cm，垂到胸部上方的长度非常适合脖子较短的人（见图 3-26）。

图 3-26　马天尼型项链

5. 歌剧型（Opera）项链

项链长度在 71～86cm。长度在胸部以下的位置，这个长度的项链不仅可以作为毛衣链，还可以搭配其他所有长度的项链，完成精彩的叠戴穿搭（见图 3 - 27）。

6. 结绳型（Rope）项链

项链长度超过 114cm。长度刚好在肚脐位置，显得非常优雅（见图 3 - 28）。

图 3 - 27　歌剧型项链

图 3 - 28　结绳型项链

（二）脸型与项链的搭配技巧

1. 圆形脸与项链搭配技巧

特征：脸短，脸颊圆，线条圆润。

适合的项链：偏长且有吊坠的项链，配以长形坠饰，这和穿 V 领衣服显脸瘦小是一个道理。

不适合的项链：短、造型圆且贴近脸庞的项链（见图 3 - 29）。

图 3 - 29　圆形脸项链搭配应用图例

2. 倒三角形脸与项链搭配技巧

特征：额头宽大饱满，下巴瘦削。

适合的项链：大的、夸张的、总体设计比较有面积的项链。

不适合的项链：小吊坠的款式（见图 3 - 30）。

图 3-30　倒三角形脸项链搭配应用图例

3. 方形脸与项链搭配技巧

特征：长度与宽度相近，而且棱角分明。

适合的项链：圆润设计的项链，会让有棱角的下颌柔和些。

不适合的项链：线条硬朗、直线、几何形的项链（见图 3-31）。

图 3-31　方形脸项链搭配应用图例

4. 长形脸与项链搭配技巧

特征：脸型较窄，显得瘦削。

适合的项链：短的项链，设计上有横向扩张效果的项链。

不适合的项链：长款的项链，会在视觉上把脸拉得更长（见图 3-32）。

图 3-32　长形脸项链搭配应用图例

5. 菱形脸与项链搭配技巧

特征：面部上下较窄，中庭较宽，颧骨较高。

适合的项链：圆弧形、中长度项链。

不适合的项链：短款，并且棱角分明的项链（见图3-33）。

图3-33　菱形脸项链搭配应用图例

6. 正三角形脸与项链搭配技巧

特征：额头窄、下颌宽，缺少柔美。

适合的项链：适合小吊坠，有向里收拢效果的项链。

不适合的项链：夸张的、面积大的项链（见图3-34）。

图3-34　正三角形脸项链搭配应用图例

7. 椭圆形脸与项链搭配技巧

完美的椭圆形脸几乎能驾驭所有款型的项链，只要选对搭配风格即可（见图3-35）。

图3-35　椭圆形脸项链搭配应用图例

知识拓展：中国古代耳饰

能力培养与训练

分析脸型特征并搭配合适的饰品

实训目标

分析自己脸型的特征，给出饰品搭配方案。

实践步骤

1. 分析自己的脸型特征。
2. 给出耳饰、项链搭配和修饰方案。
3. 搭配展示。
4. 学生相互点评，教师总评。

实践成果

搭配出适合自己脸型特征的饰品。

考核评价

个人形象设计课程考核方案

<table>
<tr><td>课程名称</td><td>个人形象设计</td><td>任课教师</td><td colspan="3"></td></tr>
<tr><td colspan="3">适用班级：</td><td colspan="3">满分：100 分</td></tr>
<tr><td>考评项目</td><td>考核范围</td><td>评价方式</td><td>项目满分</td><td>权重</td><td>完成时限</td></tr>
<tr><td>脸型特征分析</td><td>脸型特征分析的准确性</td><td>教师分析评判</td><td>100</td><td>30%</td><td rowspan="3">1 课时</td></tr>
<tr><td>搭配方案</td><td>1. 耳饰搭配
2. 项链搭配
3. 材质和色彩搭配</td><td>教师分析评判</td><td>100</td><td>30%</td></tr>
<tr><td>搭配效果展示</td><td>1. 体现脸型优势
2. 修饰脸型轮廓和线条
3. 色彩搭配符合肤色季型</td><td>教师分析评判</td><td>100</td><td>40%</td></tr>
</table>

第三讲 脸型修饰——发型修饰

发型是决定人的整体形象的重要因素，发型对脸型的修饰堪比整容。有的脸型带有天然的审美劣势，所以需要通过发型来避开缺点、凸显优点，让整个造型更加流畅。

对比东西方古代发型，我们会发现先人们很擅长使用发型修饰脸型。东方人脸型缺少维度，五官不够立体，中国古人的发型大部分都是高发髻，塑造头包脸的效果。西方人五官立体，大部分都是塑造厚度（见图 3－36）。

图 3－36　脸型与发型

一、圆形脸发型修饰技巧

（一）圆形脸发型造型要点

圆形脸的特征：脸颊比较圆，下颌线条不够明显，颧骨区偏宽，腮红位置的脸颊丰满，下巴较短。

缺点：横向较宽，纵向的长度不够。

发型造型要点：

（1）增高颅顶，将注意点转移（见图 3－37）。

图 3－37　增加颅顶高度

（2）采用垂直向下的直发，纵向线条则会在视觉上减弱圆形脸的曲线（见图 3－38）。

（3）采用斜分刘海，偏分可以突出脸部的纵向线条，是最佳分法。斜分位置大概是3/7 开的样子，就是我们眉峰上方的位置。最长的地方最好是正好盖住脸颊最大的地方，达到瘦脸的功效（见图 3－39）。

图 3－38　采用直发

图 3－39　采用斜分刘海

（二）圆形脸避免的发型

（1）厚重的圆弧形刘海。这种刘海缩短了脸型，加强了脸圆的特点，使脸型看上去呈半圆形。

（2）无刘海。如果是较大的圆脸，无刘海会使脸型看上去大且扁（见图 3－40）。

图 3－40　圆形脸避免的发型

二、方形脸发型修饰技巧

（一）方形脸发型造型要点

方形脸的特征：额头、颧骨、下颌宽度几乎相等，腮骨突出，且下巴偏短，呈明显的一条线。

缺点：整张脸看起来不够细腻。

发型造型要点：

（1）颅顶蓬松。如果没有颅顶的量感，整个视觉重心就会下移，会加强下颌骨的宽度，效果适得其反（见图 3－41）。

图 3-41　增加颅顶蓬松度

（2）斜分和内扣式刘海。不对称的刘海破掉宽直的前额边缘线，同时又可增加纵长感。刘海长度要到颧弓下面一点，刚好遮住外扩的颧弓（见图 3-42）。

图 3-42　斜分和内扣式刘海

（3）卷发。蓬松的卷发可以塑造头包脸的效果，而且头发的蓬松空气感使下颚两侧内收，整体造型随性飘逸（见图 3-43）。

图 3-43　卷发

(二) 方形脸避免的发型

1. 平直线条发型

平直线条会使视觉重心下移，使得平直的下颌骨更明显（见图 3-44）。

图 3-44　避开平直线条

2. 平齐刘海和无刘海

对于又扁又大的方脸，不能把脸全部放出来，需要利用两边的头发做出弧度，遮一点脸更好（见图 3-45）。

图 3-45　避开平齐刘海和无刘海

三、长形脸发型修饰技巧

(一) 长形脸发型造型要点

长形脸的特征：脸部狭长，宽度小于脸部的 2/3。

缺点：看起来不够丰满，比较有年龄感。

发型造型要点：

(1) 前额处要留动感刘海。长形脸绝对不能选择有拉长效果的发型，而要通过刘海等方法修饰脸部比例。

(2) 卷发。长直发本身就有纵向延伸的效果，容易拉长额头的宽度和脸部的线条，选择有从脸颊高度开始微卷效果的发型可以打乱线条感，从而减少脸的长度，用波浪来“拉宽”脸部比例（见图 3 - 46）。

图 3 - 46　动感刘海和卷发发型

（二）长形脸避免的发型

长形脸要回避裸露额头和中分垂直长发。裸露额头的发型把脸的长度最大化，中分直发减小了脸的宽度，所以这两款发型都拉长了脸型，加强了长脸的缺点（见图 3 - 47）。

图 3 - 47　长形脸回避发型

四、倒三角形脸发型修饰技巧

（一）倒三角形脸发型造型要点

倒三角形脸的特征：这种脸型是除椭圆形脸外最好搭配发型的。

缺点：下巴比较尖，额头又相对宽大，所以不适合露出全脸，对过宽的额头需要进行遮挡。

发型造型要点：

（1）适当的刘海遮挡。偏分的刘海可以减小额头的宽度，看上去会协调很多。齐刘海较讲究，中间要短，到眼尾的位置时开始变长，直到三角脸最宽的地方停止，这样就在视觉上创造出圆润的脸型特征（见图 3-48）。

图 3-48 刘海造型

（2）面颊两侧增加蓬松量。从腮帮子到脸两侧都不需要打薄，反倒是创造蓬度来遮掩较恰当（见图 3-49）。

图 3-49 面颊两侧蓬松

（二）倒三角形脸避免的发型

裸露额头和头顶两侧蓬松，从视觉上不但不能修饰脸型，反而加强了倒三角特征（见图 3-50）。

图 3-50 倒三角形脸避免的发型

五、正三角形脸发型修饰技巧

（一）正三角形脸发型造型要点

正三角形脸的特征：前额较窄，腮部突出，下颌较短。整个脸型轮廓呈现上窄、下宽的三角形。

缺点：整体形象不够灵动。

发型造型要点：

（1）用动感刘海修饰额头。刘海可削成垂下的薄薄一层，额头被遮住又有隐约的闪现，可以使窄额头在视觉上不那么明显，而宽宽的下巴也不会因为刘海的存在而更突兀。

（2）发梢修饰下颌线。通过微卷的发梢弱化脸部直线和收拢下颌线（见图 3-51）。

图 3-51　利用刘海和发梢修饰脸型

（二）正三角形脸避免的发型

正三角形脸要避免发尾外扩或紧贴头皮的发型。这两种发型都加强了脸型特征，把缺点展露无遗（见图 3-52）。

图 3-52　正三角形脸避免的发型

六、菱形脸发型修饰技巧

（一）菱形脸发型造型要点

菱形脸的特征：菱形脸重点集中在中部，颧骨较突出。

缺点：面部消瘦，两边颧骨突出、面部凹陷。脸部呈直线条。

发型造型要点：

（1）中分或者偏分。角度大于 90°，使额头弧度增大。用两侧的头发遮盖额角和修饰颧骨，使面部柔和（见图 3－53）。

图 3－53 中分或者偏分

（2）长刘海。刘海长度一定要过颧骨位置，才能起到修饰和遮盖额头和颧骨的作用。

（3）颞部蓬松。增加头顶的宽度，营造上宽下窄的视觉感（见图 3－54）。

图 3－54 长刘海和颞部蓬松

（二）菱形脸避免的发型

与颧骨平齐的厚刘海和颞骨处扁塌的发型，起不到修正脸型的作用，反而会使额头和颧骨比例关系更加失调（见图 3－55）。

图 3-55　菱形脸避免的发型

七、椭圆形脸发型修饰技巧

椭圆形脸是比较古典的完美脸型，脸型曲线分明，颧骨不明显，下巴尖而有弧度，是比较柔和的脸型。除超短发外，椭圆形脸基本上不挑发型（见图 3-56）。

图 3-56　随心搭配

能力培养与训练

分析脸型特征并设计发型修饰方案

实训目标

分析脸型的特征，给出发型修饰方案。

实践步骤

1. 分析模特的脸型特征。
2. 给出发型修饰方案。
3. 用 PS 处理图片，展示修饰效果。
4. 学生相互点评，教师总评。

实践成果

修饰前后对比图。

考核评价

个人形象设计课程考核方案

课程名称	个人形象设计	任课教师			
适用班级：			满分：100 分		
考评项目	考核范围	评价方式	项目满分	权重	完成时限
脸型特征分析	脸型特征分析的准确性	教师分析评判	100	30%	1 课时
搭配方案	1. 发型处理技巧 2. 搭配方案符合脸型修饰要求	教师分析评判	100	30%	
搭配效果展示	1. 体现脸型优势 2. 修饰脸型轮廓和线条	教师分析评判	100	40%	

第四篇

化 妆 篇

学习目标

知识目标

1. 了解化妆的目的及作用，掌握化妆的技巧。
2. 了解化妆的步骤，掌握化妆工具和材料的选择。
3. 了解各部位化妆的技巧，掌握化妆的个性表达。

能力目标

1. 能够运用化妆材料和工具画出符合人物需求的妆容。
2. 能够根据脸型特征用化妆技巧进行脸型修饰。

素质目标

1. 掌握美的标准，包容美的多样性。
2. 了解化妆的作用，掌握个性美、主流美和传统美的标准。

情境导入

你是否在拍照的时候喜欢打开美颜和滤镜？你是否觉得拍的证件照很丑？你是否觉得皮肤状态很差？你是否有过医美的冲动？其实这一切问题我们都可以通过化妆来解决。一个人的形象定位，除服饰、发型之外，化妆也起到了决定性作用。

第一讲　浓妆淡抹——妆前知识

一、美容发展史

（一）中国美容发展简史

早在上古三代时期，就出现了“禹选粉”“纣烧铅锡作粉”“周文王敷粉以饰面”的文字记录，表现了人们对于美的追求。

春秋战国时期，“粉敷面”“黛画眉”盛极一时，华夏美容史正式拉开了序幕。女子用白粉敷面，将原有的眉毛刮掉，用黛画出长且黑的眉毛，同时用胭脂在嘴唇上画出颜色。整体是以白妆为主，但有些女子还会用胭脂在脸颊点出密集的红点，起到装饰的作用。

两汉时期，崇尚“粉白、黛黑”。美发、美容技术在质与量两方面都有了提高。文字上出现了“妆饰”“扮妆”等词汇，美容开始普及，化妆用品也随之进一步发展。当时已能制作化妆用的粉，而且也有专门从事制作化妆品的人。固态的“铅粉”出现了，女子大多用铅粉敷面，在眉妆的塑造上达到了一个小高潮，远山眉、八字眉都是在这时流行起来的。唇妆上还是流行以“小口”为美（见图 4-1）。

图 4-1　先秦及两汉妆容

南北朝时期，民风开放，妆容也变得大胆起来。在脸侧画出两道弯月痕迹的“晓霞妆”、将额头涂成黄色或者用剪纸贴成黄色的“额黄妆”、左右两边脸只画半张脸的“徐妃半面妆”，都是在这个时期出现的。

唐代经济繁荣、文化交流活动频繁，在妆发上也是丰富多彩、艳丽多姿。唐代女子面部妆容浓艳，《妆台杂记》等书记载有“桃花妆”“酒晕妆”等多种妆容。她们在面部除了施用一般的粉、口脂等，还要涂翠眉、涂黄粉、贴花钿、点妆靥、抹斜红。至五代、北宋，此风犹炽。唇妆上也更加特别，“花瓣唇”的画法在此时出现。

唐代女性除了妆面美容，也比较注重医药美容。唐代大医学家孙思邈编撰的《千金方》明确记载的治疗面疮、雀斑、润泽肌肤的美容方有 80 余个。在民间，人们还把美容药品制成面脂，在喜庆佳节相互馈赠。南北朝、隋唐妆容如图 4 - 2 所示。

图 4 - 2　南北朝、隋唐妆容

宋代沿袭和发展了唐代以来的美容秘方，从发髻款式到头饰和面部花钿的粘贴，比唐代毫不逊色。但是总体比较淡雅，偏于清淡，不涂腮红，只留口脂，脸上流行用珍珠、贝壳来装饰，称为“鱼鳃子”。眉形上微微蹙起的“远黛眉”成为一种流行（见图 4 - 3）。

图 4 - 3　宋代妆容

在元代，一些北方游牧民族的妇女盛行“黄妆”，即在冬季用一种黄粉涂面，直到春暖花开才洗去。这种粉是用一种药用植物的茎碾成的，涂了这种粉可以抵御寒风沙砾的侵袭，开春后才洗去，皮肤会显得细白柔嫩。

明代妆容整体上更加明亮，适当的胭脂可以增添气质，使整个人看起来更加健康。明代女性对色彩也非常敏感，唇色多变，整体上给人一种明朗温婉的感觉。

大明少女们还喜欢“涂高光”，她们会在额头、鼻子和下颚处敷上较明显的白粉。总体来说，明代的妆容更接近现代人的审美。

明代流行用珍珠粉擦脸，使皮肤滋润。名医李时珍将医学与养生紧密结合，编撰出巨著《本草纲目》，书中记载了 700 多个既是药物又是食物，既营养肌肤又美化容颜的方子。明代妆容如图 4 - 4 所示。

图 4-4　明代妆容

清代妆容以简约淡雅的“清妆”为主，面妆多为薄施朱粉，清淡雅致，与宋明两朝有点相似。清代宫廷的美容方法集历代之大成，进而再筛选和补充，同时比较注重饮食营养，形成了一套系列化的养颜健体的独特方法。

民国时期，女子受西方影响日益深刻。女子面妆特点是取法自然，浓艳而不失真实。眉妆上，基本仍是承明清一脉，喜爱描纤眉、弯曲的长蛾眉。此时的唇妆大胆依据原有唇形的大小进行描画，显得自然而随意，唇膏颜色依然以大红色为主。在眼妆方面，民国时期已引进了眼影和睫毛膏，开始追求翻翘的睫毛，并以深色眼影画出幽深的眼眶。但此时大多数女子并不太重视眼部的化妆。

中华人民共和国成立以后，医学、生物学、化学、物理学、营养学和遗传学的发展使人们能从科学的角度掌握皮肤的生理及病理的内外因果关系。改革开放以后，美容业更是欣欣向荣，科学技术日新月异，美容仪器的发展使人们能够做好手工很难完成的细致工作。护肤用品、护发用品、化妆用品应运而生。清、民国妆容如图 4-5 所示。

图 4-5　清、民国时期妆容

（二）西方美容发展简史

1. 西方古代美容

据史料记载，最早有意识地使用化妆品的是古埃及人。化妆术在古埃及已非常普及，无论是在日常生活中，还是在举行宗教仪式时，甚至人死后都要化妆。

古埃及人极重视肌肤的健康与美丽，在沐浴后要涂抹大量的香油、香水或油膏来滋润皮肤。为了抵御炎热干燥的气候，他们将动物油脂涂抹在皮肤上来防止皮肤干燥；为了保护眼睛及加强眼部的美感，他们用含有孔雀石成分的绿、蓝等色颜料描画眼睛；为了使体态、形象美观，他们佩戴精巧的假发和头饰等。古埃及的美容技艺已有相当高的水准（见图 4－6）。

图 4－6　古埃及妆容

古希腊人认为，洁净的肌肤就是威望和美丽的象征。为了使皮肤变得光洁诱人，女性会将铅粉涂于脸上。

古希腊人只化淡妆，看起来洁净自然、美丽大方。唇膏是用氧化铁和赭色的黏土做成的糊状物，或者在橄榄油中拌入蜂蜡而成。红粉也经常用来擦脸。眼影膏是用橄榄油和木炭粉混合而成的。此外，古希腊人还喜欢连贯的眉毛。为了让眉毛连贯起来，他们用深粉色来妆扮眼睛（见图 4－7）。

图 4－7　古希腊妆容

中世纪，人们认为化妆是对神不敬的，所以很多国家都明令禁止化妆。

文艺复兴时期，美容被大大弘扬了。法国的宫廷御医编写了有关借助蒸汽浴保养身体的书籍，意大利医生也深入探讨了采用各种香料溶液来保持皮肤柔嫩细腻的方法。在颜面的修饰上注重自然，颊与唇的颜色淡雅柔和，眼部不做过多修饰。当时的人们重视外表及容貌，为表现崇尚智慧，盛行剃眉并把发际线尽量提高以展示宽阔的前额（见图 4－8）。同时，意大利的佛罗伦萨和威尼斯成为香水制造中心。

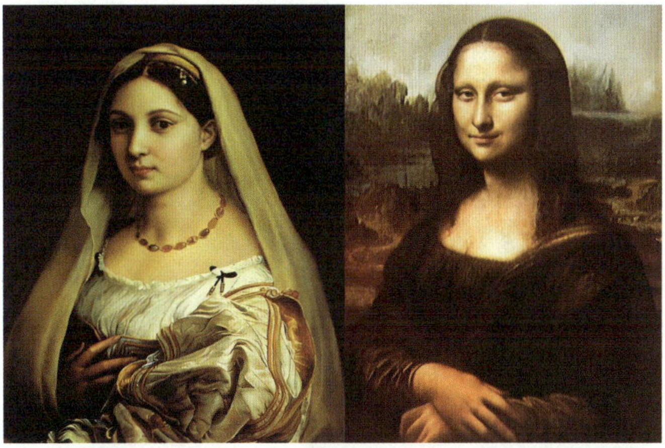

图 4-8　文艺复兴时期妆容

17 世纪，巴洛克是广为流传的一种艺术风格。巴洛克（Baroque）一词来自葡萄牙语 Bannoco，或西班牙语 Barrueco，意为不合常规，有的特指各种外形有瑕疵的珍珠。它最早表现在建筑上，19 世纪以后才成为一种艺术风格的名称，代表西方艺术史上的一个时代。

巴洛克风格的特点：充满激情的艺术，具有强烈的浪漫色彩，强调艺术的丰富性和想象力，集奢华、宗教、享乐主义于一体。

在妆容上，巴黎的妇女流行点黑痣的化妆术。黑痣的形状分为星状、月牙状和圆形，多点缀于额、鼻、两颊和唇边，偶尔也有点缀于腹部和两腿内侧的（见图 4-9）。

图 4-9　巴洛克造型

18 世纪流行洛可可风格。洛可可（Rococo）一词来自法语 Rocaille，原指一种混合贝壳小石子制成的室内装饰物。此风格以岩石和蚌壳装饰为特色，是巴洛克风格与中国装饰趣味结合的一种华丽雕琢、纤巧烦琐的艺术样式。构图并不符合对称法则，而是带有轻快、优雅的运动感，色泽柔和，粉彩色系被大量运用，崇尚自然。

洛可可风格的特点：轻巧精美、纤细华丽、小巧玲珑、烦琐的装饰性，但矫揉造作；有曲线趣味，十分喜欢 C 形、S 形、漩涡形的曲线；色彩柔和艳丽，崇尚自然，风格飘逸、典雅，具有阴柔之美；多用花、缎带结、扣环、花篮等柔软的材料（见图 4-10）。

18 世纪，男性美容风盛行，他们在脸部涂脂抹粉，为了美容宁可剃掉美丽的金色卷发而戴上假发套。18 世纪中晚期，女性对容貌美丽的重视程度更是到了极点。她们用香粉扑面，嘴唇与面颊涂抹鲜明的化妆品，颜色从粉红色到橘黄色都有；眉毛经过刻意的修整；眼睛描画清淡，但喜欢用高光的颜色点缀。这个时期被后人称为奢侈时期。

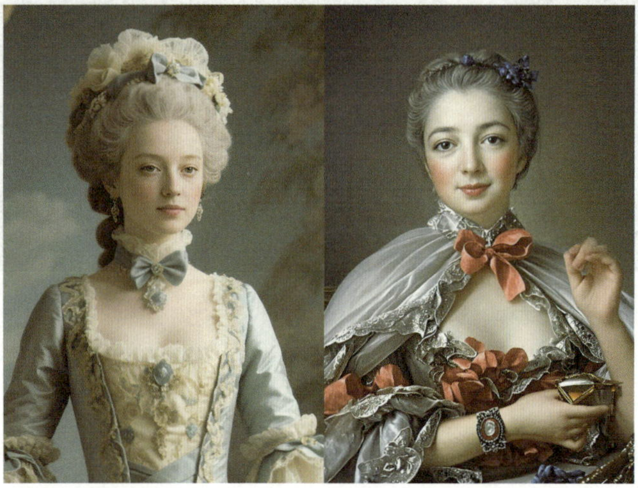

图 4－10　洛可可造型

19 世纪被认为是历史上最朴素的时代。受古典风格的影响，除去剧院外，女性极少做脸部化妆，她们宁愿用手捏面颊及嘴唇来形成自然的红色，也不愿用唇膏、胭脂等化妆品，对发型的梳理也极为简单。但不论男女都关心身体的清洁及个人的保养，流行用一些天然植物调配成的面膜进行敷面美容。

2. 西方近代美容

(1) 20 世纪初至 20 世纪 20 年代。

经济大萧条和第一次世界大战的结束，使欧洲社会渴望温情的家庭生活，女性的妆容较为自然，唇色较为突出，追求身体的线条美。战后工艺的发展使社会经济出现了新的繁荣，女性受无声片中电影明星的服饰、化妆及发型的影响较大，开始剪短发，并烫成波浪形，广泛使用眼影、口红及胭脂等彩妆品。大量护肤品、护发品及各类化妆品充斥市场（见图 4－11）。

图 4－11　20 世纪 20 年代造型

（2）20 世纪 30 年代。

20 世纪 30 年代，人们深受新闻媒介的影响，大量获取最新的流行信息。电烫发的发明使女性的发型有了更多的变化。当时的女性对金黄色的波浪形卷发、细弯的眉毛以及鲜艳的唇色着迷，造型趋于华贵、艳丽。而男性则以光滑的头发及整洁的胡子为时尚（见图 4－12）。

图 4－12　20 世纪 30 年代造型

（3）20 世纪 40 年代。

第二次世界大战使军人形象成为流行，修面、平头、笔挺的军装是特征，而电影又引导女性的美容潮流。女性纷纷效仿女星形象。自然而柔和的弯眉、精致的眼影和染眉广受欢迎，面颊和嘴唇的妆感不如以前鲜红，变得柔和（见图 4－13）。

图 4－13　20 世纪 40 年代造型

（4）20 世纪 50—60 年代。

第二次世界大战后的经济复苏使人们对美容化妆产生更大兴趣，成熟优雅的女性形象成为崇尚对象，妆容逐渐趋于浓艳，但妆面细腻，突出眼、唇的修饰，黑黑的眼线和假睫毛将眼睛刻画得明亮。服装的款式简单但强调女性的曲线，细眉又受到欢迎。此时，各地纷纷设立美容院、美发店，并且生意红火。化妆品成为大多数女性梳妆台上的必备品，各式化妆品充斥着市场，发型设计师非常走俏（见图 4－14）。

图 4－14　20 世纪 50—60 年代造型

（5）20 世纪 70 年代。

社会经济及科技的进步使美容业得到令人兴奋的改变。许多新的化妆品及保养品纷纷上市，皮肤的保养更趋向多元化。人们注重自身的特点，不再刻意模仿明星的装扮，对时尚的推崇开始分流，逐渐向个性化方向发展，有迪斯科造型、嬉皮士造型、朋克造型、波希米亚造型、民族造型等（见图 4－15）。

图 4－15　20 世纪 70 年代造型

（6）20 世纪 80 年代。

20 世纪 80 年代是科技高速发展的年代，科学技术的不断进步也使美容业有了长足的进步。美容界纷纷推出新型的美容品和美容方法，人们重视个人生活品位并注重修饰。求新求异成为此时期的特色，流行转变的速度很快。到 20 世纪 80 年代后期，因受复古风潮的影响，人们又开始逐渐转向追求自然（见图 4－16）。

图 4 - 16　20 世纪 80 年代造型

（7）20 世纪 90 年代。

20 世纪 90 年代的人们倡导“返璞归真、回归自然”，带动了服饰休闲化的潮流。人们对追求流行变化的兴趣转淡，而更重视可延续的流行、个人风格的建立。化妆与发型进一步向多元化发展并注重整体风格与个性的统一。为了延缓皮肤老化，各种生化科技产品推向市场，美容已同现代医学、化学、解剖学乃至整个生物学紧密地结合在一起，美容技术正在向高科技领域发展（见图 4 - 17）。

图 4 - 17　20 世纪 90 年代造型

二、美容业的发展趋势

21 世纪的美容业将朝着多元化的方向发展，人们不再盲目追赶潮流，而是重视个性的体现，以人为本的服务思想将成为美容业的主导。人们对“回归自然”的追求会使天然化妆品日益走俏，高科技的渗入会使美容业的技艺发展更为迅猛。美容市场将会更加繁荣。一批批具有独特功效的美容护肤化妆品和更具科学性的美容仪器陆续推向市场，并且随着科学技术的进步和行业的发展，这些仪器将不断更新换代。美容仪器的不断更新和美容手段科技含量的不断提高，对美容业的发展壮大起着积极的推动作用。

随着物质生活水平的提高，一些专业化的美容设备开始进入家庭，美容的作用日益为人们所熟知，专业美容与大众美容紧密结合，高度的技术化而又简便易行的美容方法将成为大众期待的美容发展目标。

美容与皮肤保养将与古老的中医药养颜方法相结合，并用现代科技发掘传统医药中的养颜精髓，为现代人服务。

21 世纪的美容技术将与现代医学、高科技手段、高科技产品相结合，依托于高品质的服务，达到更具有科学性和实效性的皮肤护理效果。

三、现代美容产品的发展过程

（一）第一代：化学时代

手段：以脱皮、换肤、拔皮膏为主。
效果：易红肿、脱皮、反弹。

（二）第二代：天然植物时代

手段：果蔬面膜。
效果：分子大，皮肤不易吸收，效果不明显。

（三）第三代：中医，中草药时代

手段：以中药面膜为主。
效果：效果显著，但缺乏保养。

（四）第四代：高科技时代

手段：生物基因，生长因子，活性酶。
效果：重在保养，修复为主。

（五）第五代：香芬热能时代

手段：以芳香植物精油为主，项目多元化，如石疗、奶疗、醋疗、水疗、冰疗、火疗等。

效果：精油很容易被人体吸收，并能迅速渗透人体内器官，将多余的成分排出体外，整个过程只需要几分钟，而植物本身的香味也会刺激脑垂体分泌、酵素及荷尔蒙分泌等，平衡体内机能，起到美容护肤的作用。

四、常见肤质及特点

常见的肤质有五种，分别是中性肤质、干性肤质、油性肤质、混合性肤质、敏感性肤质。

（一）中性肤质

特征：水分和油分都刚刚合适，不多不少，皮肤看起来比较细腻光滑，富有弹性。

优点：理想肤质。脸上几乎不会感觉到很紧、很干或者很油，而且面部红润，光泽度极好，毛孔细小，没有任何瑕疵。

缺点：基本没有缺点可言。

护肤重点：补水保湿，抗衰老。

（二）干性肤质

特征：表面的角质层含水分较少，容易产生紧绷感，甚至有脱皮的现象。

优点：毛孔细小，肤质细腻。出油少，不易吸附污垢，无黑头粉刺的困扰。

缺点：缺少弹性和光泽，易生皱纹，尤其以眼部和唇部四周最为明显。

护肤重点：注意保湿、滋润，选择温和的护肤品，不要过多地去角质，一年四季加强防晒。

（三）油性肤质

特征：全脸容易泛油光，洗脸两个小时后脸上又变得油油腻腻的，是肌肤问题的代表。

优点：耐燥，不会产生敏感反应，角质层较厚。相对于干性皮肤来说，油性皮肤不容易有干纹、细纹出现，更不容易老。

缺点：由于油脂分泌过多，脸上的毛孔容易堵塞，易长粉刺和小疙瘩，反复性较强。

护肤重点：控油补水，做好清洁。

（四）混合性肤质

特征：局部油性、局部干性，常常表现为额头、鼻部、下颌给人油腻感，而两颊处又很干燥粗糙。

优点：和油性肤质一样比较耐燥，不容易出现过敏等皮肤问题。

缺点：T 区会分泌大量的油脂，容易出现闭口粉刺、青春痘等问题。

护肤重点：着重清洁 T 区，多敷面膜。

（五）敏感性肤质

特征：角质层薄，容易造成红脸蛋、过敏、明显红血丝。

优点：没有优点可言，选择护肤品都要再三考量。

缺点：稍有风吹草动就会发红过敏，甚至出现明显的红血丝。

护肤重点：舒敏修复。

五、化妆的概念及分类

（一）化妆的概念

从狭义上理解，化妆仅仅指面部的修饰。从广义上来看，化妆就是利用化妆材料与化妆技法来装扮整个人，以适应某种特殊要求。

（二）化妆的分类

根据场合和需要，化妆一般分为以下几种。

1. 生活妆

生活妆又称淡妆，适用于日常生活和工作，其特点是清新、自然、不做过分修饰，通常展现在自然光条件下。

生活妆的特点：

（1）生活妆的底色要薄，以强调肤色的自然光泽。

（2）用色要简洁，化妆所用色彩与色彩之间的对比要弱。

（3）色彩的晕染与线条的描画要柔和。

（4）一般无须刻意修饰鼻子。

2. 裸妆

裸妆就是看起来仿佛没有化过妆一样，妆容自然清新，虽然经过精心修饰，但并无刻意化妆的痕迹。裸妆的重点在于粉底要薄，只用淡雅的色彩点染眼、唇及面部其他部位即可。生活妆和裸妆如图 4－18 所示。

图 4－18　生活妆和裸妆

3. 晚妆

晚妆是指人们在日常生活中参加晚会、晚宴而化的妆。它是指用粉底、蜜粉、口红、眼影、胭脂等有颜色的化妆品在面部上妆，一般是为了进行夜生活而化的妆，所以被称为晚妆。

（1）晚妆的特点。

1）妆色浓艳：晚间社交活动一般都在灯光下进行，且灯光多柔和、朦胧，不易暴露出化妆痕迹，反而能更加突出化妆效果。如果妆色清淡，就显不出化妆效果。因此，晚妆应化得浓艳些，眼影色彩尽可能丰富漂亮，眉毛、眼形、唇形也可做些适当的矫正，以使整个人显得更加光彩照人。

2）引人注目：晚间化妆一般是出于应酬的需要，处在一种特定的环境中，它给化妆创造了一种愉悦的心境和良好的氛围，能使人产生一种梦幻般的感觉，这是施展个人化妆技能的极好时机。因此，化晚妆时可在不超越所允许的范围内，充分发挥自己的想象力，把自己打扮得更加漂亮、更具魅力、更引人注目。

3）清晰明亮：由于晚间灯光比白天弱，因此妆面要化得比白天清晰、明亮些，否则就达不到化妆效果。

（2）晚妆的注意事项。

1）晚妆要艳而不俗，丰富而不繁杂。

2）讲究面部凹凸结构和五官轮廓，但不能因矫正而失真。

3）饰物的佩戴及着装要与妆容整体协调。

晚妆如图 4－19 所示。

图 4－19　晚妆

4. 新娘妆

新娘妆是指在结婚典礼上为新娘设计的妆容。

新娘妆的特点：新娘妆不仅要注重脸型、肤色的修饰，妆面整体也要突出自然、高雅、喜气的特点，用色以暖色、偏暖色为主，妆型要求圆润、柔和，充分展示女性的婀娜、柔美，并且要使妆面持久保持，不易脱落。

5. 舞台妆

舞台妆分为戏曲舞台妆和展示类妆容两类。

1）戏曲舞台妆是一种脸谱式的妆面。

造型要点：要分清生、旦、净、末、丑角的特点。由于舞台的照明较强以及演员与观众的距离较远，因此演员的脸色较浓，色彩鲜艳，五官轮廓描画较夸张，几乎改变了演员的原有形象。

传统戏曲舞台妆使用的化妆品以油彩为主，根据角色采用涂、画、勾、描等化妆技巧来塑造形象。随着戏剧事业的不断发展，化妆材料、工具、造型方法也日益丰富。

2）展示类妆容包括车展模特和 T 台模特妆容。

因为要通过 T 台现场展示，距离远、时间短，所以要求形式感强、造型夸张、色彩浓艳而有立体感，具有震撼力和视觉冲击力。

不管什么类型的舞台妆，都要根据主题设计妆面，整体协调。

图 4－20 分别为新娘妆、舞台妆和模特妆。

图 4－20　新娘妆、舞台妆和模特妆

6. 影视妆

影视妆属于影像的摄影化妆造型，是根据演员扮演的不同角色来化的妆。

电影、电视中特殊效果的妆面，如病态妆、老人妆、伤口制造妆等，可利用化妆技巧或特殊颜料来处理。

造型要点：要把握好分寸，符合角色要求，不能与剧情有半点偏差（见图 4－21）。

图 4－21　影视妆

7. 欧式妆

欧式妆是东方人为了使自己的脸型结构更加立体，而模仿欧洲人脸型结构特点设计的妆面。主要是眼睛和嘴唇的修饰，眼睛部分主要是用大地色系画出神韵和深邃的感觉，嘴唇部分主要追求自然和性感。

8. 平面杂志妆

平面杂志妆是通过照片来表现的一种妆面，要自然真实。妆面要细致，色彩层次要分明，过渡要自然。

图 4－22 为欧式妆和平面杂志妆。

9. 烟熏妆

烟熏妆又称熊猫妆，属于化妆方式的一种。烟熏妆突破了眼线和眼影泾渭分明的老规

图 4-22　欧式妆和平面杂志妆

矩，在眼窝处漫成一片。因为看不到色彩间相接的痕迹，如同烟雾弥漫，而又常以黑灰色为主色调，看起来像炭火熏烤过的痕迹，所以被形象地称作烟熏妆。

造型要点：主要是眼妆的处理。眼妆利用了多种色彩营造层次感，而且颜色应逐层扫上以塑造渐变效果，使眼妆富有层次变化。

10. 猫眼妆

眼线不做晕染，属于魅惑一类的妆容，给人一种妩媚的感觉，同时又能使眼睛显得更大，给人一种桀骜不驯的感觉。使用的眼影颜色是偏冷色系的。

造型要点：猫眼妆的眼线需要画得长一些、粗一些，使眼睛更加有神。

图 4-23 为烟熏妆和猫眼妆。

图 4-23　烟熏妆和猫眼妆

不管什么妆效，化妆步骤基本一样，不同点就是色彩的浓、淡、厚重、轻薄，外加塑形用到的材料。

六、化妆的目的与特性

（一）化妆的目的

化妆是为了适应人不同的需要。在日常生活中，化妆的目的有三个：(1) 日常生活的需要；（2）职业活动的需要；（3）社交活动的需要。

（二）化妆的特性

（1）化妆的特点。

1）因人而异；2）因地而异；3）因时而异。

（2）化妆的原则。

1）扬长避短；2）自然真实；3）整体配合；4）突出个性。

（3）化妆的三要素。

肤色、眼部、唇部是化妆的三要素。

（4）化妆的作用。

1）化妆有美化容貌的作用，如调整肤色、美化五官等；2）化妆可以矫正五官，弥补不足。

七、化妆的基本步骤

第一步：底妆——妆前乳（隔离）→粉底（BB霜/粉底液）→遮瑕膏→定妆（散粉/蜜粉）。

第二步：眼妆——眉毛→眼影→眼线→眼睫毛。

如果要修眉，建议在底妆前进行，一是防止粉底粘到修眉刀上，二是防止修眉过后的杂毛粘到底妆上。

第三步：腮红→修容→口红。

能力培养与训练

分析东西方不同时期妆容特点

实训目标

了解历史妆容和发型，掌握不同时期的审美。

实践步骤

1. 小组成员分工，查阅影视作品、名作、服装、化妆史。
2. 分析中国和西方不同时期的造型要点。
3. PPT展示。
4. 学生相互点评，教师总评。

实践成果

PPT展示东西方不同时期的妆容特点。

考核评价

个人形象设计课程考核方案

课程名称	个人形象设计	任课教师			
适用班级：			满分：100 分		
考评项目	考核范围	评价方式	项目满分	权重	完成时限
东西方造型分析	1. 发型 2. 妆容 3. 服装	教师分析评判	100	50%	1 课时
PPT 展示	1. 知识点是否全面 2. 知识点是否准确 3. 讲解展示	教师分析评判	100	50%	

第二讲 浓妆淡抹——底妆

底妆有较强的遮盖性，可掩盖皮肤的瑕疵，改善皮肤质感，使皮肤变得光滑、细腻、有整体感。所以，底妆是一切美丽的基础。

一、底妆用工具

（1）湿粉扑。湿粉扑是多形状的海绵块，蘸上粉底直接涂于面部，海绵块可触及各个面部角落，使妆面均匀柔和。

（2）粉底扫。粉底扫毛质柔软细滑，附着力好，能均匀地吸取粉底涂于面部，功能相当于湿粉扑，是涂抹粉底的最佳工具。湿粉扑和粉底扫如图 4-24 所示。

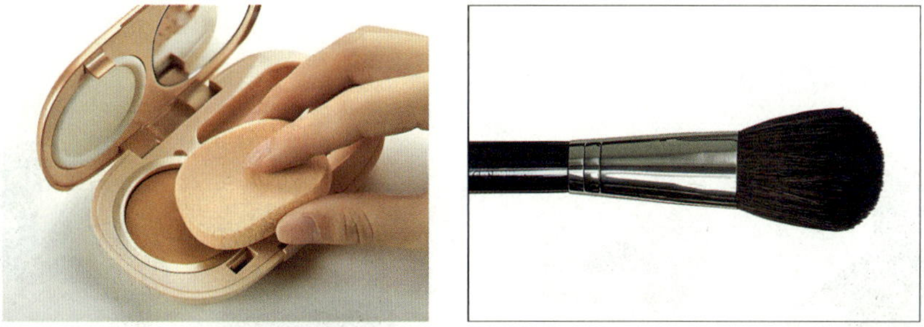

图 4-24 湿粉扑和粉底扫

（3）干粉扑。干粉扑是丝绒或棉布材料的，粉扑上有个手指环，便于抓牢不易脱落，可防手汗直接接触面部，蘸上蜜粉可直接印扑于面部，使肤质不油腻、反光，均匀柔和。

（4）蜜粉扫。蜜粉扫是化妆扫系列中扫形较大的，圆形扫头，刷毛较长且蓬松，便于轻柔地、均匀地涂抹蜜粉。

（5）遮瑕扫。遮瑕扫扫头细小，扁平且略硬，蘸少许遮瑕膏后涂盖面部的斑点、暗疮印等不美观的小区域。干粉扑、蜜粉扫、遮瑕扫如图 4－25 所示。

图 4－25　干粉扑、蜜粉扫、遮瑕扫

二、底妆品类

（1）妆前乳液：化妆前的基本保护，起到保湿滋润的作用，使妆容效果更加服帖，并起到有效抵抗紫外线辐射与隔离尘垢的作用。

（2）遮瑕膏：密度高，遮盖力强，对黑眼圈、色素沉着、斑点、暗疮印、胎记等可以有效覆盖。很多遮瑕产品有不同的颜色，使用时以深色打底，再覆上浅色，往往会取得不错的效果。但是遮瑕膏不适合大面积涂用，大面积遮瑕要用粉底液。

（3）粉底液：液状，水分多、脂类小，粉质细薄透明，效果自然真实，适用于中性、油性、混合性皮肤。

遮瑕膏和粉底液如图 4－26 所示。

（4）粉底霜：呈霜状，相对于粉底液来说，水分小、脂类多，粉质密度略厚，透明度略小，遮盖力较好，适用于中性、干性皮肤。

（5）粉底膏：成分与粉底霜相同，但水的比例下降，油脂及粉料的比例加大。粉质密度厚且干，透明度低，遮盖力好，适用于面部大面积遮瑕与改变肤色肤质的妆容。使用粉底膏作底妆，妆容较粉底液与粉底霜更持久。

粉底霜和粉底膏如图 4－27 所示。

图 4－26　遮瑕膏和粉底液

图 4－27　粉底霜和粉底膏

（6）粉饼：以粉料为主要基体，粉质效果与蜜粉相近，有定妆、补妆的作用。粉饼分为干用、湿用和干湿两用三种类型。比起粉底液，粉饼更适合夏天使用，形成哑光的妆感，避免出汗等造成的油光满面。

（7）散粉：大多数散粉并没有多大的妆效，主要起定妆的作用。它可以让妆面保持一整天不花，到下班回家依然干净整洁。散粉是油性皮肤的最爱。

（8）蜜粉饼：由散粉压制而成的饼状底妆产品。不同于粉饼妆效的厚重，蜜粉饼的妆效同散粉一样，是轻薄的，有很高的湿度，不同颜色的蜜粉能起到不同的中和肌肤色调、提亮肤色的作用。蜜粉饼便于携带，非常适合外出补妆用。

粉饼、散粉、蜜粉饼如图 4－28 所示。

图 4－28　粉饼、散粉、蜜粉饼

三、底妆的选择方法

（一）粉底质地选择

1. 根据肤质选择

油性肤质适合用粉饼；干性肤质可以用粉底液、粉底霜、粉条；混合性肤质可以用粉饼、粉底液、粉底霜。

2. 根据季节选择

夏季选择质地轻薄的粉饼、粉底液；秋冬季选择保湿性高的粉底霜。

（二）粉底颜色选择

（1）冷色调皮肤（夏冬）：比较适合偏绿、偏白、偏蓝等冷色调的粉底液，它们会让肌肤看起来更通透。

（2）暖色调皮肤（春秋）：颜色偏黄的粉底液最适合暖白皮，它能让肌肤看起来更加干净明亮。肤色比较健康自然黄的可以选带橙/粉色的自然色号。

（三）粉底明暗选择

（1）粉底最佳色号：与面部肤色充分融为一体的颜色，仿佛在脸上“消失”一般。过深或过浅的颜色，在面部大面积铺开后，很容易造成妆感厚，粉底液上脸假面的情况发生。

（2）试妆部位：在面部皮肤与脖子交接处试妆。切忌在手背或手臂上试妆，这些区域的皮肤颜色与面部肤色存在明显差异。

（3）试妆光线：自然光。

粉底颜色和明暗选择如图 4－29 所示。

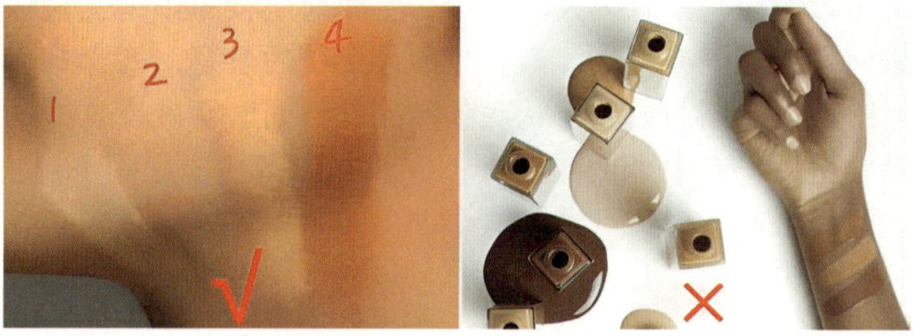

图 4－29　粉底颜色和明暗选择

以上是生活类化妆底妆的选择要求，如果是其他妆面，同时还要考虑到遮瑕力度、妆效和场合，选择合适的质地和颜色。

四、底妆的画法

（1）取适量粉底在手背，用五点法涂抹。

（2）可以用手指、海绵块或粉底刷等工具，顺着毛孔方向从鼻翼向脸颊外侧推开，再由额头向下用按压的手法涂抹。

（3）在粉底后再使用蜜粉或粉饼定妆控油，令底妆效果更持久。

（4）定妆时沿毛发生长的方向，从上向下涂抹，粉妆会更贴合、更自然。

底妆画法如图 4－30 所示。

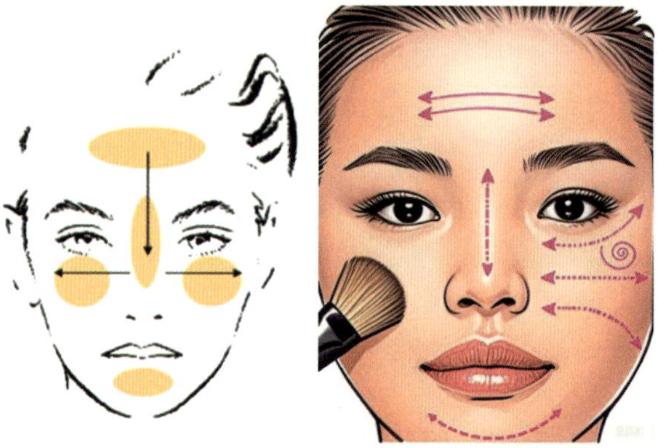

图 4－30　底妆画法

能力培养与训练

半面底妆修饰

实训目标

了解底妆的选择方法，并修饰肌肤。

实践步骤

1. 分析肤质和颜色。
2. 选择合适的粉底并修饰。
3. PPT 展示。
4. 学生相互点评，教师总评。

实践成果

PPT 展示肌肤修饰效果。

考核评价

个人形象设计课程考核方案

课程名称	个人形象设计	任课教师			
适用班级：			满分：100 分		
考评项目	考核范围	评价方式	项目满分	权重	完成时限
粉底选择	1. 质地 2. 颜色 3. 效果	教师分析评判	100	50%	1 课时
PPT 展示	1. 半面底妆展示 2. 左右对比效果 3. 讲解展示	教师分析评判	100	50%	

第三讲　浓妆淡抹——修容

修容可以改善脸平、脸大、鼻子塌等许多问题，起到优化面部轮廓、使五官立体的作用。

一、修容工具

（一）斜角扫

刷头毛排列为一斜角形，可轻易地随颧骨曲线滑动，用于勾勒面部轮廓。刷毛柔软，抓粉力强，也可以做腮红刷使用。

材质：水洗马毛或者细光锋羊毛。

（二）鼻影刷

刷头比较软，除了可以画鼻影，也很适合画眼影。鼻影刷中比较常见的刷子类型有扁头刷、晕染刷、细头刷、斜角刷等。不同的刷子类型有不同的用法。

（1）扁头刷。扁头刷也叫铺色刷，主要是进行大面积的铺色用。扁头刷的刷头呈扁圆状，刷子的大小各有不同，可以根据使用的位置选择合适的型号。

（2）晕染刷。晕染刷是画鼻影过程中很重要的一把刷子，像火苗一样的形状，毛质很松软，既可以把鼻影的颜色晕染开，也可以拿来晕染眼影。晕染刷的型号也有大有小。

（3）细头刷。细头刷是型号更小一些的鼻影刷，很适合妆容中的细节部分，既可以用来画鼻影和眼影中的高光位置，也可以用来画眼影中的重色阴影部位。

（4）斜角刷。斜角刷的毛质会硬一些，也是用来做细节处理的刷子，非常适合做最后的点缀。

斜角扫和鼻影刷如图 4-31 所示。

图 4-31　斜角扫和鼻影刷

二、修容产品

修容不仅有修容膏、修容液、修容粉（饼），还有腮红、古铜粉等。下面只介绍修容膏、修容液、修容粉（饼）。

（1）修容膏：膏状的质地，像粉条一样，比较滑顺，很容易延展开来，但延展性高也是它的一个弊端，因为很难控制它去晕染，如果控制不好，整个妆就花掉了，所以不建议新手使用。修容膏主要适合舞台用，日常生活中使用得较少。

（2）修容液：更加自然，尤其适合皮肤较干的人，配合手或修容刷使用。

（3）修容粉（饼）：粉状的产品，上色度没有那么深，即使你手重了或者没有修对地方，也可以通过晕染变得稍微自然一些，所以新手比较好驾驭。修容粉（饼）比修容液和修容膏都方便。

修容膏、修容液、修容粉（饼）如图 4-32 所示。

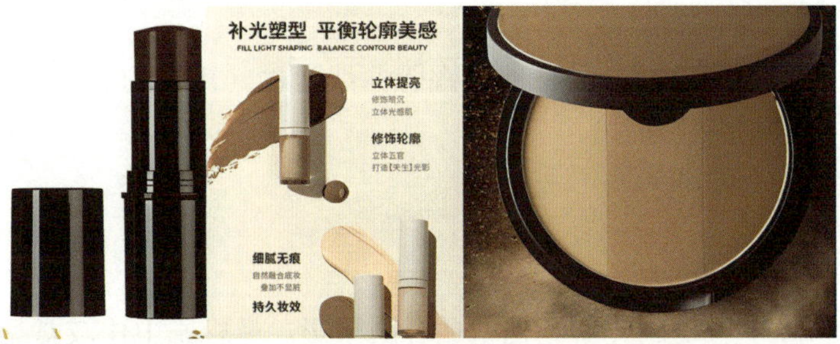

图 4-32　修容膏、修容液、修容粉（饼）

三、修容产品的选择方法

（1）修容质地选择：根据肤质来选择，一般只要不是太干的皮肤都可以选择修容饼。

（2）颜色选择：推荐选择中性色调（不偏红不偏黄）不带闪的阴影粉和浅粉色略闪的高光粉。

四、不同脸型修容的方法

（一）椭圆形脸修容方法

椭圆形脸在化妆时，只需保持自然状态，突出其理想之处。重点放在塑造脸部轮廓和五官的立体感上。

（1）阴影部位：脸的轮廓一周，鼻梁两侧。

（2）提亮部位：额头、鼻梁、下巴、眼睛下方（见图 4－33）。

图 4－33　椭圆形脸修容

（二）圆形脸修容方法

圆形脸修容要从视觉上对脸部进行拉长和变窄的修正。

（1）阴影部位：额头两侧的颞部、鬓角线部位、脸颊两侧、鼻梁两侧。

（2）提亮部位：发际线和下巴、鼻梁（见图 4－34）。

图 4－34　圆形脸修容

（三）长形脸修容方法

长形脸修容要在视觉上对脸部进行缩短和拉宽的修正。

（1）阴影部位：额头上方发际线、下巴下方、鼻梁两侧。

（2）提亮部位：颧骨两侧，脸颊两侧、眼底。

长形脸修容处理方法与圆形脸相反（见图 4－35）。

图 4－35　长形脸修容

（四）方形脸修容方法

方形脸修容要减少脸型四个角的坚硬感，增加线条流畅度。

（1）阴影部位：额角两侧、下颌角两侧、鼻梁两侧。面部的外轮廓均晕染不同的阴影，使脸型柔和。

（2）提亮部位：发际线和下巴、鼻梁、眼底（见图 4－36）。

图 4－36　方形脸修容

（五）正三角形脸修容方法

正三角形脸修容要缩窄下部、拓宽上部。

（1）阴影部位：脸颊宽大的部位。

（2）提亮部位：额头鬓角线、下巴、鼻梁、眼底部位（见图 4－37）。

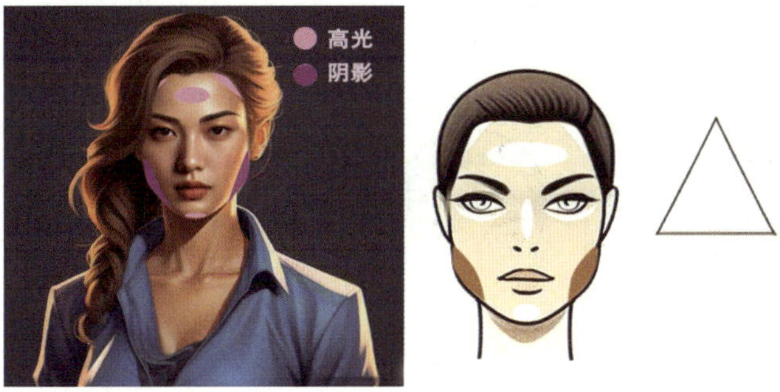

图 4－37　正三角形脸修容

（六）倒三角形脸修容方法

倒三角形脸修容要缩窄上部、拓宽下部。

（1）阴影部位：加深太阳穴至耳鬓部位、鼻梁两侧、下巴。

（2）提亮部位：脸颊两侧、下巴两侧、鼻梁、眼底部位（见图 4－38）。

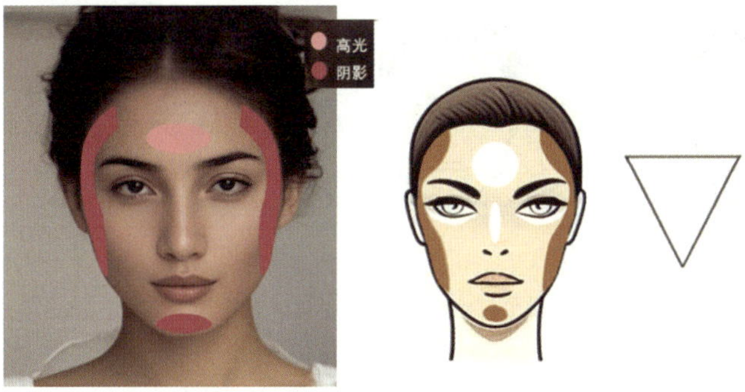

图 4－38　倒三角形脸修容

（七）菱形脸修容方法

菱形脸修容要注意脸部线条柔和。

（1）阴影部位：颧骨两侧。

（2）提亮部位：额头两侧、下巴两侧、鼻梁、眼底部位（见图 4－39）。

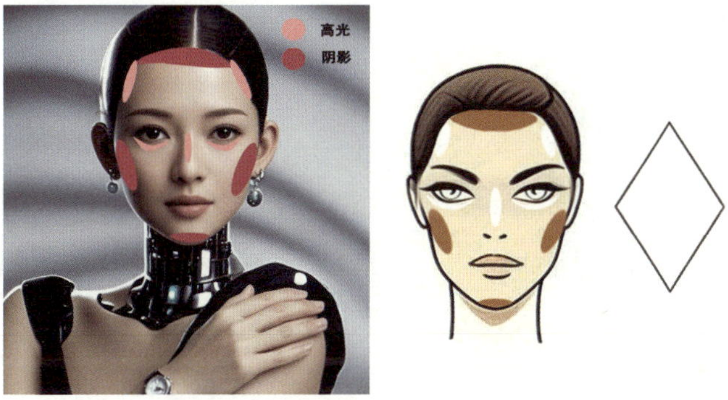

图 4－39　菱形脸修容

提示：阴影一般打在多出脸部轮廓的地方，高光一般打在想要平整或者突出的位置，基本上是 T 区（见图 4－40）。

图 4－40　修容一览图

能力培养与训练

半面脸型修容

实训目标

修饰脸型和五官。

实践步骤

1. 分析脸型和五官的优缺点。
2. 找到阴影、高光位置并修饰。
3. PPT 展示。
4. 学生相互点评，教师总评。

实践成果

PPT 展示东西方不同时期的妆容特点。

考核评价

个人形象设计课程考核方案

课程名称	个人形象设计	任课教师			
适用班级：			满分：100 分		
考评项目	考核范围	评价方式	项目满分	权重	完成时限
脸型、五官分析	1. 脸型优缺点 2. 五官优缺点	教师分析评判	100	50%	1 课时
PPT 展示	1. 半面妆修容效果对比 2. 是否达到修容目的 3. 讲解展示	教师分析评判	100	50%	

第四讲 浓妆淡抹——腮红

腮红也叫胭脂，用于面颊和轮廓的修饰，可使面色红润，显得健康。

一、腮红概述

（一）中国腮红的使用

在古代是没有胭脂与口红之分的，胭脂同时用来涂于口唇上当口红用。一般来说，整个妆容是不包括腮红这部分的。

在中国，关于胭脂的起源众说纷纭。一种说法是胭脂起源于商周时期。当时燕国的妇女喜欢种植红蓝花，并取红蓝花叶子的汁制成脂，用来妆扮自己。因为是在燕国时期制成的，所以被称为胭脂。另一种说法是，胭脂是汉武帝时期张骞出使西域时从匈奴带回来的，胭脂一词由匈奴焉支山的阏氏演变而来。在那时，匈奴的贵族妇女经常用阏氏来打扮，使自己看上去更美丽。

汉代流行红妆，所以胭脂发展鼎盛。胭脂在唐代时尤为盛行，唐诗中有“三千宫女胭脂面”的诗句。唐代妆容样式众多，有酒晕妆、飞霞妆、血晕妆、桃花妆等。唐代以后，尽管妇女的妆饰风俗发生了很大变化，但涂抹红妆的习俗始终不衰。明清时亦然，只是不再像隋唐五代时期那么夸张了（见图 4－41）。

（二）西方腮红的使用

早在古埃及、古罗马时期，人们就开始使用蔬菜和天然矿物作为腮红的原料，以此来增加自己脸上的颜色。

在古埃及，人们将赭石（赤铁矿）研磨，涂抹在脸颊和嘴唇上。古罗马人用碾碎的桑葚果充当腮红，上层古罗马贵族则会用朱砂矿石替代。

图 4-41　汉代和唐代腮红的使用

中世纪，脸色苍白成了有钱的象征，因此化妆品普遍不太受重视。在那个年代，为了体现自己的富有，地主将因在农场上长期工作而晒黑的农奴关进地下室隔离，并用“放血”来加速他们肌肤返白的速度。为了掩盖这种残忍的手段，地主们会将草莓渣和水混合，涂抹在农奴的脸上。

在 15 世纪的欧洲皇室中，伯爵夫人卡特琳娜深谙化妆之道，她写过一本书，里面就记载：“用红木和酒精混合，涂抹在脸上可以得到持久的脸部红晕，效果可持续达 7 天之久。”

到 18 世纪，欧洲人完全抛弃惨白的脸色，开始倡导健康、自然的脸部光泽，腮红再次登上舞台。

随着现代化进程的加快，越来越多的化妆品品牌兴起，腮红的颜色、类型也越来越多元化（见图 4-42）。

图 4-42　植物腮红

二、腮红工具

腮红工具的形状多样，一般有以下三种。

（1）斜角刷。这种刷子有线条感，能轻松刷出明显的区块来，经常用在需要特别强调的区域，如下巴、鼻梁及眼尾处。

（2）匀脸刷。匀脸刷就是圆形刷，这种刷子常用来刷看起来像腮红但质地像蜜粉的珠光亮粉。借助珠光，脸型可以得到提拉，更有光泽。此外，匀脸刷吃粉量少，这样大面积甚至全脸涂也不会显得过量。

（3）扇状刷。这种刷子也是现在市面上常见的腮红刷，它的特点就是刷毛形状成圆尖型，容易吃色，颜色也明显，但是有晕染和柔和的效果。

腮红工具如图 4－43 所示。

图 4－43　腮红工具

三、腮红种类

（一）粉质腮红

适宜人群：油性肤质、混合性肤质的人。

妆效特点：健康自然的美感，相比膏状和霜状腮红，粉质腮红能够抑制一部分油光。

注意：干性肤质的女性要慎用。

（二）膏状腮红

适宜人群：干性肤质、混合性肤质的人。

妆效特点：滋润服帖的美感。膏状腮红中含有的油脂成分正好可以满足干渴肌肤的需求，同时又容易将色彩服帖地上在肌肤表面。

注意：膏状腮红的色彩会相对浓重一些，可以更加凸显红润的好气色，再加上持久的妆效，比较适合在隆重的场合使用。

粉质腮红、膏状腮红如图 4－44 所示。

图 4－44　粉质腮红、膏状腮红

（三）乳霜状腮红

适宜人群：偏干性肤质的人。
妆效特点：质地柔滑。
注意：一次用量不宜太多，控制不好面积就会越擦越大。

（四）液体腮红

适宜人群：所有肤质的人。
妆效特点：持久自然的美感，自然透出的红润，而且很持久，不易脱落。

（五）慕斯腮红

适宜人群：偏油性肤质的人。
妆效特点：质地清淡。
注意：一次用量不宜太多，以多次覆盖的方式涂擦，效果会比较自然。
乳霜状腮红、液体腮红、慕斯腮红如图 4－45 所示。

图 4－45　乳霜状腮红、液体腮红、慕斯腮红

四、腮红的选择

（一）根据肤质选择

中性肤质适合腮红粉、腮红液；油性肤质易出油，用粉状的腮红粉更好；干性肤质则更适合腮红膏、腮红液；混合性肤质 T 区容易出油，因此用腮红粉更适合；敏感肌要看腮红的成分，一定要选择纯天然无添加的产品，否则可能会导致皮肤过敏。

（二）根据皮肤颜色选择

（1）皮肤偏白：选择粉色或浅桃色，增添活力，可以让皮肤看上去水水嫩嫩。

（2）黄色皮肤：选择亮粉色、金棕色和玫瑰红的腮红，可以让皮肤看上去比较轻快，显得健康活泼。

（3）小麦色的肌肤：选择深桃红色和橘色等比较自然的腮红，可以提亮肤色，个性十足。

（4）皮肤较暗：酒红色、深紫色的腮红都比较合适。

（三）根据妆效选择

（1）少女妆：搭配玫瑰色系腮红。
（2）自然妆：搭配桃色或者棕色系腮红。

五、腮红的晕染方法

（一）扇形腮红

位置：太阳穴、笑肌、耳朵下方三者构成的扇形区域，注意刷腮红时的方向，要从颊侧往两颊中央上色，才能让最深的腮红颜色落在颊侧的位置，达到修饰脸型的目的。

特点：这种晕染方法的面积较大，不仅能修饰脸型，还能烘托出好气色。

适合脸型：圆形脸、方形脸。

扇形腮红画法如图 4－46 所示。

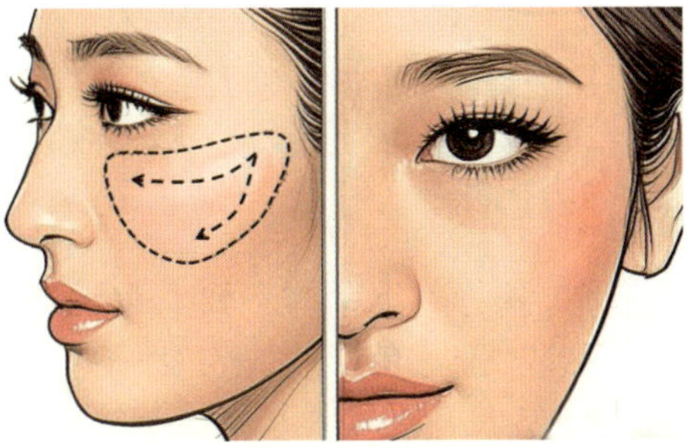

图 4－46　扇形腮红画法

（二）颊侧腮红

位置：选择较深色的腮红如砖红、深褐色，刷在脸颊的外围，也就是耳际到颊骨的位置，范围可略向内延伸到颧骨的下方，会让脸型看起来更立体。

特点：可以让圆润的脸看起来较瘦长。

适合脸型：圆形脸、方形脸、菱形脸。

颊侧腮红画法如图 4－47 所示。

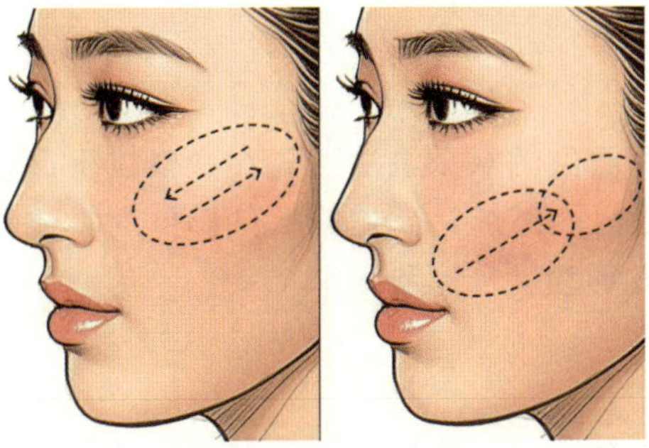

图 4－47　颊侧腮红画法

（三）圆形腮红

位置：这是最常见、最简单的腮红画法。只要对着镜子微笑，在两颊凸起的笑肌位置，以画圆的方式刷上腮红即可。

特点：这款腮红的妆效比较甜美可爱。

适合脸型：椭圆形脸、长形脸、倒三角形脸。

圆形腮红画法如图 4－48 所示。

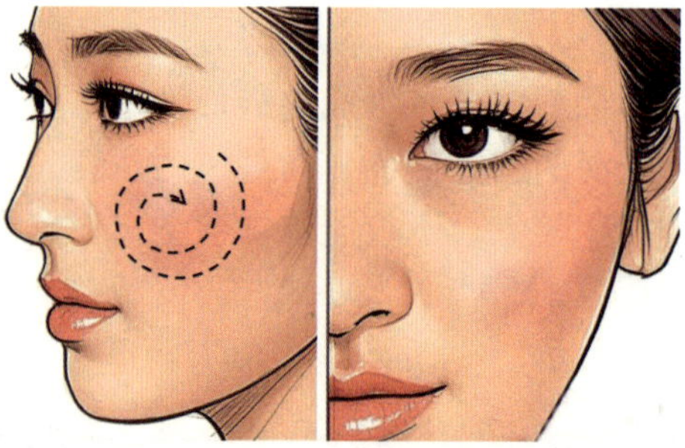

图 4－48　圆形腮红画法

（四）横向腮红

位置：从笑肌最高处横着跨过颧骨，下手时不要太重，腮红的中心要在颧骨的位置。

适合脸型：椭圆形脸、长形脸、倒三角形脸。

横向腮红画法如图 4－49 所示。

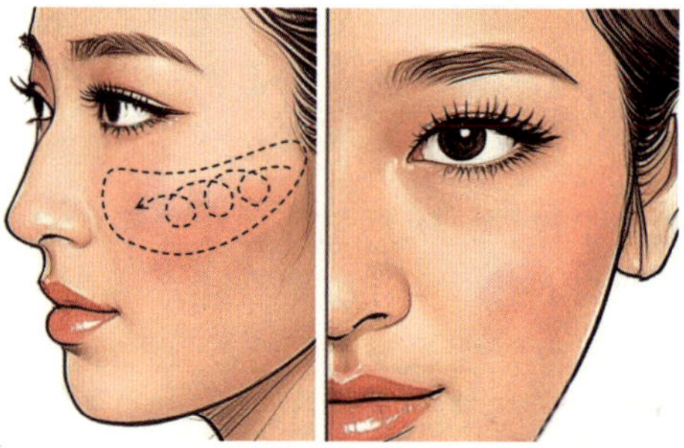

图 4－49　横向腮红画法

（五）综合扇形腮红

结合了扇形腮红和颊侧腮红的双重画法。先在两颊刷上深色的扇形腮红，再于扇形区域的上方重叠浅色的颊侧腮红，就能达到修饰大圆脸同时增添气色的效果。

适合脸型：圆形脸、方形脸、菱形脸。

（六）晒伤腮红

挑选带有亮泽感的金棕色腮红，淡淡打在鼻翼两侧的位置即可，还可从鼻峰推往两颊上色，能创造出刚受过阳光洗礼的度假妆感。

适合脸型：椭圆形脸、长形脸、倒三角形脸。

晒伤腮红画法如图 4 - 50 所示。

图 4 - 50　晒伤腮红画法

因此，可以总结出，不同脸型打腮红的位置如下：

椭圆形脸：在笑肌位置用刷子由外往内以打圆方式刷上腮红。

长形脸：腮红由鬓角、颧骨往鼻头方向直刷。

圆形脸：腮红由上往下尽量刷长，弧度加大，以拉长脸型。

方形脸：腮红由鬓角往颧骨上弧形刷至脸颊中间。

正三角形脸：腮红从较窄的部位往鼻翼斜刷。

倒三角形脸：腮红由鬓角、颧骨往鼻头方向直刷或者打圈。

菱形脸：将腮红从耳际稍上处往颧骨方向斜刷或者打圈，颜色不宜太红。

不同脸型画腮红位置如图 4 - 51 所示。

图 4 - 51　不同脸型画腮红位置

能力培养与训练

打造底妆

实训目标

通过底妆、修容和腮红，修饰脸型轮廓和五官的立体感。

实践步骤

1. 选择适合自己的底妆产品，画出无修图的底妆效果。
2. 分析脸型和五官特点，进行阴影和高光的处理，塑造脸部轮廓和五官。
3. 结合腮红进一步修饰脸型，提升气色。
4. 学生相互点评，教师总评。

实践成果

展示半面底妆对比效果。

考核评价

个人形象设计课程考核方案

课程名称	个人形象设计	任课教师			
适用班级：			满分：100 分		
考评项目	考核范围	评价方式	项目满分	权重	完成时限
底妆	1. 粉底、遮瑕、定妆 2. 修容 3. 腮红	教师分析评判	100	70%	1 课时
妆面展示	1. 讲解处理方式 2. 对比效果	教师分析评判	100	30%	

第五讲 浓妆淡抹——眼妆

眼睛是心灵的窗户，是五官中很重要的部分，眼妆分值占整体妆容的 60%，人们之间的沟通需要通过眼睛来传达真实信息，眼睛是我们给对方的第一印象，由此可见眼妆的重要性。

眼妆可以调整和强调眼部凹凸结构，调整眉眼间距，调整眼型，让眼睛看起来更有立体感。

一、眼妆工具

（一）眼影刷

眼影刷是将粉状眼影涂到眼睑时使用的一种化妆工具，扫头小，有圆形或扁形。

为便于眼睑部位的化妆，眼影刷分大、中、小三个型号，大号用于定妆和调和眼影，中号用于涂抹颜色，小号用于涂抹眼线部位。

（二）海绵棒

海绵棒的扫头为三角形海绵，便于把眼影粉涂抹于眼部细小的皱纹里，使眼影对皮肤的黏合更加服帖。

眼影刷和海绵棒如图 4－52 所示。

图 4－52　眼影刷和海绵棒

（三）眼线扫

眼线扫的扫头细长或扁平，毛质坚实。使用时蘸适量的眼线膏、眼线粉涂抹在睫毛根部，可以描画出满意的眼线。

（四）睫毛刷

睫毛刷的刷头呈螺旋形状，用于蘸取睫毛膏涂擦于睫毛上，平时也可用来梳理睫毛。

眼线扫和睫毛刷如图 4－53 所示。

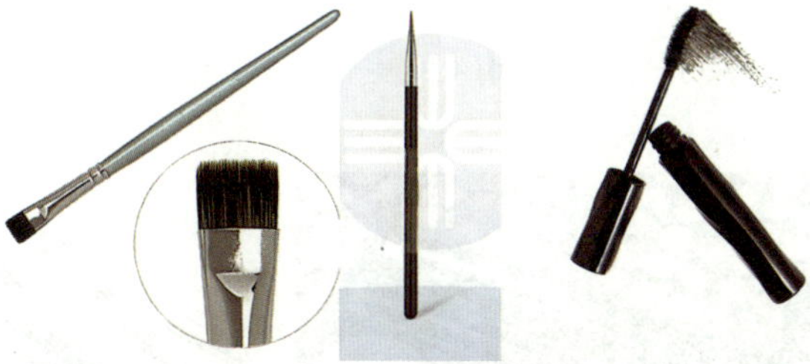

图 4－53　眼线扫和睫毛刷

（五）修眉剪

修眉剪是迷你型剪刀，刀头部分尖端微微上翘，便于修剪多余的眉毛。修眉剪也可用来裁剪化妆美目胶布贴。

（六）睫毛夹

将睫毛放于夹子的中间，手指在睫毛夹上来回压夹，使睫毛卷翘，可以增强眼部轮廓的立体感。夹上加有橡胶垫，可防止使用时造成睫毛断裂。

修眉剪和睫毛夹如图 4－54 所示。

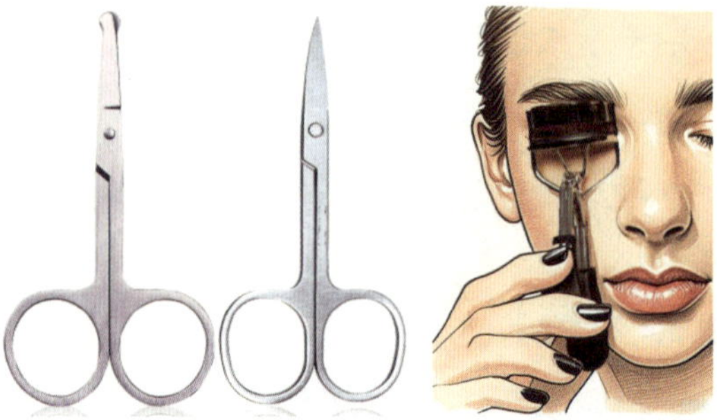

图 4－54　修眉剪和睫毛夹

二、眼妆产品及选择

（一）眼影

作用：能改善和强调眼部凹凸结构，修饰轮廓，眼影色彩还可加强眼睛的神采。

使用方法：根据眼睛形状，用眼影扫或眼影棒蘸适量的眼影涂在眼部皮肤上。

选择方法：一是根据自己的肤色季型选择，二是根据服装色彩和心情选择。

一般浅色眼影用来强调色彩，深色眼影用来制造阴影。

（二）眼线笔

作用：加强眼睛立体感，使眼睛明亮有神采。具有丰富睫毛、凸显眼部轮廓、使眼睛显得更大的效果。

使用方法：贴近睫毛根部描画眼线，粗细可随意控制。

选择方法：一般选择与瞳孔颜色相同（或更深）的颜色，或者根据妆效选择颜色。

眼影和眼线笔如图 4－55 所示。

图 4－55　眼影和眼线笔

（三）眼线液

作用：眼线液性质与眼线笔一样，可以调整、修饰眼睛轮廓，加强立体感。眼线液分为防水性与非防水性两种。

使用方法：与眼线笔一样，区别在于眼线液对于新手来说不易控制，但可以描画出更为精细的眼线，持妆更久。

（四）眼线膏

眼线膏有两个主要特点：

（1）质感表现力强。眼线液除了上色明显，几乎没有特别的质感效果，但眼线膏可以表现珠光、哑光、金属光泽等不同的质地效果。

（2）眼线膏的妆效比眼线液要持久、自然，是最持久的眼线产品，所以很多专业化妆师的化妆箱里都会有眼线膏。

液体眼线笔和眼线膏如图 4－56 所示。

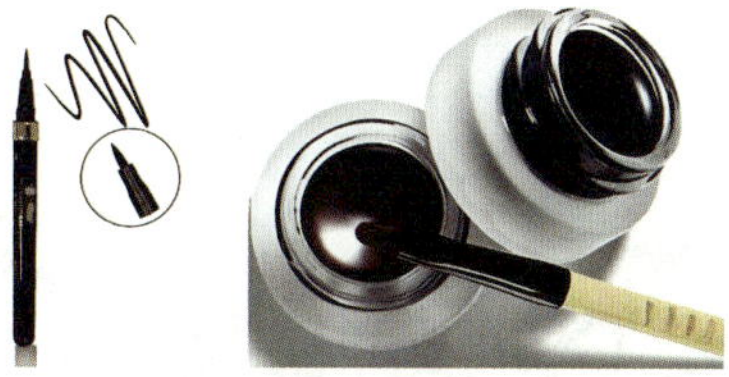

图 4－56 液体眼线笔和眼线膏

（五）睫毛膏

作用：加强睫毛的浓密度和长度，使眼睛增添魅力。睫毛膏分为防水性与非防水性两种。

使用方法：从睫毛根部向上呈 Z 形或 H 形转刷。

三、眼影画法

因为位置和效果不同，眼影画法一般分为两大类。根据使用位置划分，眼影画法分为段式法、前移法、后移法。根据呈现效果划分，眼影画法分为烟熏法、平涂法、晕染法。一般在塑造眼部效果的时候，会结合眼睛特点综合使用（见图 4－57）。

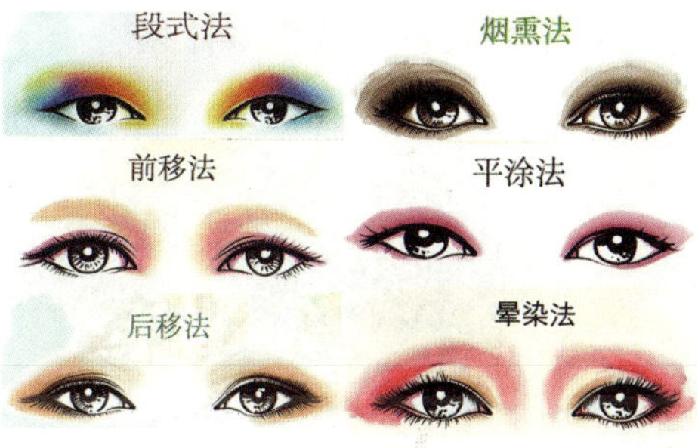

图 4－57 眼影画法

平涂法主要用于舞台妆和创意妆。大部分妆面使用晕染法来塑造。主要的晕染技法有：

（一）单色晕染

单色晕染就是使用一个颜色描画眼影的方法，既可以上下过渡（睫毛根部深，向上颜色自然渐淡），也可以左右过渡（内眼角到外眼角逐层晕染）（见图 4－58）。

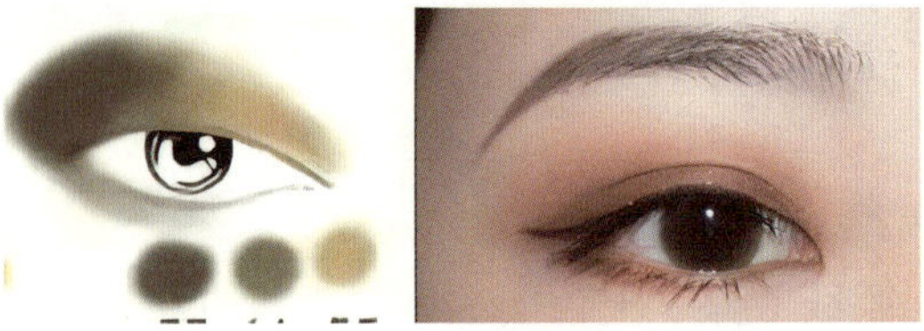

图 4－58　单色晕染

（二）双色晕染

双色晕染就是使用两个颜色描画眼影的方法，既可以左右搭配（将上眼睑分左右两个区域用两种颜色描画），也可以上下搭配（将上下眼睑分上下两个区域用两种颜色分别描画）（见图 4－59）。

图 4－59　双色晕染

（三）三色及以上晕染

三色及以上晕染就是使用三种及三种以上颜色描画眼影的方法，既可以左右搭配（将上眼睑分三个以上部分，靠内眼角一种颜色，外眼角一种颜色，中间一种以上颜色，中间一般用亮色增加立体感），也可以上下搭配（将上下眼睑分上下三个区域用三个颜色分别描画）（见图 4－60）。

图 4－60　三色及以上晕染

四、不同眼型眼妆画法

（一）小眼睛

特征：给人敏捷干练的感觉，但也会显得冷漠，五官比例不协调。

眼影的画法：在整个眼皮部位涂上亮色的眼影，可以使眼睛看起来很清爽。从眼线的1/2处往后都涂上深色的眼影，可以使眼角更显修长。出于同样的目的，下眼皮距眼角1/3处到眼头这个部位也可以涂上深色的眼影。

眼线的画法：眼线可适当加粗清晰，可在眼白上画白色眼线，视觉上产生明亮扩张感。

双眼皮贴：眼线塑造出眼睛的长度后，再贴双眼皮贴，能起到意想不到的放大效果（见图4-61）。

图4-61 小眼睛眼妆

（二）圆眼睛

特征：给人天真可爱、容易接近的感觉，但也显大众化，欠缺成熟感。

眼影的画法：在眼角的上部涂上深色的眼影，可以使眼睛看起来更修长。不要在眼睛的中央涂上较深颜色的眼影，不然会使眼睛显得更圆。

眼线的画法：在眼球中央的眼线细致描画，眼尾适当平拖拉长（见图4-62）。

图4-62 圆眼睛眼妆

（三）细长眼

特征：犀利，有杀伤力。

眼影的画法：在眼眉下方添加一些亮色，然后从眼头到中间部位涂上亮色眼影，从中间到眼尾涂上深色眼影。

眼线的画法：加宽上下眼线。眼线不宜太长，眼球间可适当加宽眼线，也可在下眼白加白色眼线，增加灵动感（见图 4－63）。

图 4－63　细长眼眼妆

（四）金鱼眼

特征：给人简单纯洁的印象，但也会显得呆板、睡眠不足、轮廓感不强。

眼影的画法：不能选用粉质眼影，因为粉质具有膨胀感，应该选用油质的、褐色或灰色等冷色调的眼影。注意不要涂得太厚重。粉质眼影仅在眉毛下方添加一点亮色，还可根据眼睛的形态通过线条添加一些着重色彩。

眼线的画法：由于眼皮过于丰满，眼线应加宽，尾部向上拉长，眼球间尽量减少弧度，增加眼睛的张力（见图 4－64）。

图 4－64　金鱼眼眼妆

（五）欧式眼

特征：给人成熟、憔悴的感觉，具有欧式化、现代感。

眼影的画法：在凹陷的眼皮部位涂上亮色眼影或者粉质眼影。在增加了一些亮色之后，用红色系的中间色系眼影在双眼皮部位画上眼线，最好是选择没有光泽的油质眼影。

眼线的画法：由于眼睛深陷，因此眼线尽量淡化，采用自然柔和的线条（见图 4－65）。

图 4－65 欧式眼眼妆

（六）眼距偏大

特征：给人木讷、缺少心机的感觉，五官比例不协调。

眼影的画法：为了使眼睛之间的距离看起来小一些，采用前移法画眼影，可以在内眼角和鼻子中间的部位淡淡地涂上一层眼影。

眼线的画法：可适当勾画内眼角眼线，后眼尾不宜太长（见图 4－66）。

图 4－66 眼距偏大眼妆

（七）眼距偏小

特征：给人紧张、奸诈的感觉。

眼影的画法：采用后移法画眼影，可以在外眼角到眼睛中间的部位涂上一些明亮的颜色，使两眼睛之间的距离看起来大一些，还可以在眼角略微加深一下眼影的颜色。

眼线的画法：眼线从内眼角向眼尾由细加粗，不宜刻画内眼角，重心在刻画外眼角（见图 4 - 67）。

图 4 - 67　眼距偏小眼妆

（八）眼角上扬

特征：给人机敏、聪慧的感觉，但也会显得高傲、严厉，有距离感。

眼影的画法：选择暖色的眼影，眼角处要用深色，从中间部位到眼角则要用浅一点的颜色。底色部分应该水平地来画。

眼线的画法：眼线不宜上扬，从内眼角向外眼角勾画，眼线可延长些，形成对眼尾的下拉（见图 4 - 68）。

图 4 - 68　眼角上扬眼妆

（九）眼角下垂

特征：给人天真幼稚的感觉，但过于下垂会显阴险、孤僻，同时也有老年状态。

眼影的画法：与其采用明亮、柔和的颜色，不如采用青色或者绿色这样的冷色系的颜色。首先从眼头部位开始，一开始要画得很细，以后随着接近眼角部位，眼影也要逐步地上扬。

眼线的画法：眼线前细后粗，不可过长，从外眼球平拖加粗、眼线可微微上扬（见图 4 - 69）。

图 4-69 眼角下垂眼妆

（十）双眼不对称

特征：双眼大小或模样不同，可能是因为一只眼是双眼皮，而另一只眼是单眼皮。

眼影的画法：考虑到单眼皮的眼睛缺乏立体感，应该把重点放在使之恢复立体感上，这时应该用较深颜色的眼影。在画眼影时，应该看看睁开眼睛时双眼的大小和模样是否一致。

眼线的画法：单眼皮眼线粗一些。

双眼皮贴：在单眼皮一侧通过双眼皮贴调整效果会更加对称（见图 4-70）。

图 4-70 双眼不对称眼妆

五、眼妆重点提示

（一）眼线

检查笔尖的粗细，确保使用时能描绘精细的线条。

紧贴睫毛的根部，先从眼睑中后部描画至眼头，再从下笔处向眼尾方向拉长眼型（想眼线效果更自然，用化妆刷或手指把画完的眼线晕开过渡，与眼影融为一体）。

下眼线按妆容浓度需要添加，沿外眼角向内描画，通常画眼长的 1/3 或一半就可以了。

注意：不需要用眼线来突出眼眶的形状，有时睫毛膏已经能够将眼睛轮廓强调出来（见图 4-71）。

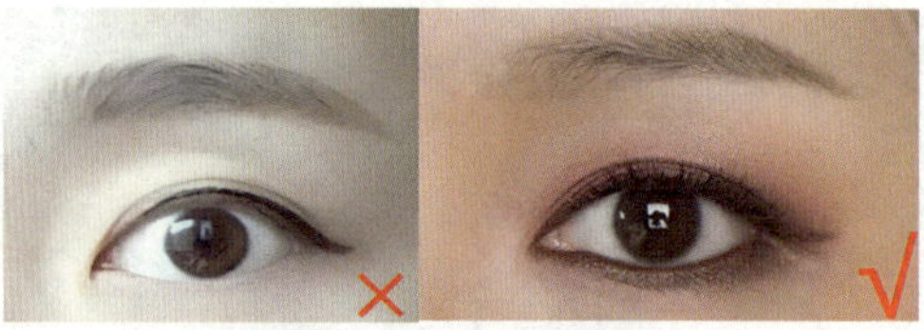

图 4－71　眼线画法

（二）美目贴

美目贴又称双眼皮贴，其材料有多种，如塑料、纸质、胶布、绢纱等。美目贴对于调整和改善眼睛的形状有巨大的作用。

1. 双眼皮贴分类

（1）纤维型双眼皮贴：呈现橡皮筋一样的长条状，将其两头拉开之后中间会形成丝状的胶状纤维。将胶状纤维贴在想要形成双眼皮褶皱的地方，然后拉紧纤维的两头直到眼皮形成褶皱。双眼皮形成之后就可将纤维的头尾去掉，最后调整一下纤维的位置即可。

（2）单面型双眼皮贴：类似于有黏性的胶带，借助双眼皮胶带的支撑力可以将眼皮撑住从而形成双眼皮的效果。这种双眼皮的隐形效果不够，在闭眼时仔细观察还是比较明显的。尤其在上妆之后，由于胶带没办法和眼影很好地融合，因此会比较明显。

（3）双面型双眼皮贴：原理就如同双面胶一样，它利用两面黏性的作用可以很好地将眼皮黏合在一起，具有良好的持久度和隐形度。在贴双面型双眼皮贴时，要先闭眼将其贴在想要的位置，再用专用的小工具将眼皮撑起来让其与眼皮进行黏合。

（4）蕾丝双眼皮贴：蕾丝双眼皮贴一定要涂胶水，在半干的时候贴在眼皮上，非常考验技术。蕾丝双眼皮贴的质地很软，适合已经有双眼皮褶皱的薄眼皮，隐形度很好，淡妆浓妆皆可。

根据形状，双眼皮贴还可分为随便剪切型双眼皮贴、月牙形双眼皮贴、橄榄形双眼皮贴、半圆形双眼皮贴、尖角形双眼皮贴。

提示：一定要根据自己眼皮的厚度、眼睛的形状和效果选择合适的材料和形状。

2. 双眼皮形状

贴双眼皮贴之前，要先了解双眼皮的形状，然后根据自己的五官特点和妆容进行选择。

（1）平行形双眼皮：双眼皮和上眼皮边缘差不多是平行的，比较适合眼睛大、眉毛距眼睛较远而上眼皮又比较薄的女性。

（2）新月形双眼皮：双眼皮褶皱自内外眦部较低，中间部位高，形状似弯月，显得十分俏皮可爱。

平行形和新月形双眼皮如图 4－72 所示。

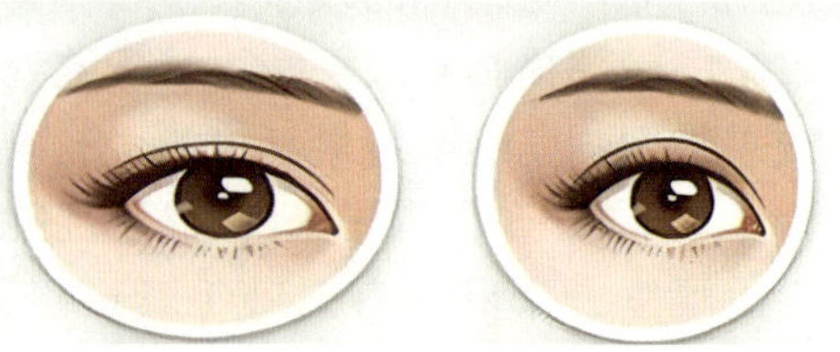

图 4－72　平行形和新月形双眼皮

（3）扇形：扇形双眼皮看起来眼睛有神，线条形状流畅，非常适合东方人。这种双眼皮有两种造型。

1）平扇形：内窄外宽的双眼皮，双眼皮从内眼角开始逐渐加宽，比较适合眉眼间距比较近的人。

2）开扇形：特点是内窄外宽，双眼皮从内眼角上方由窄变宽，比较适合眉眼间距适中、眼皮较薄的人。

平扇形和开扇形双眼皮如图 4-73 所示。

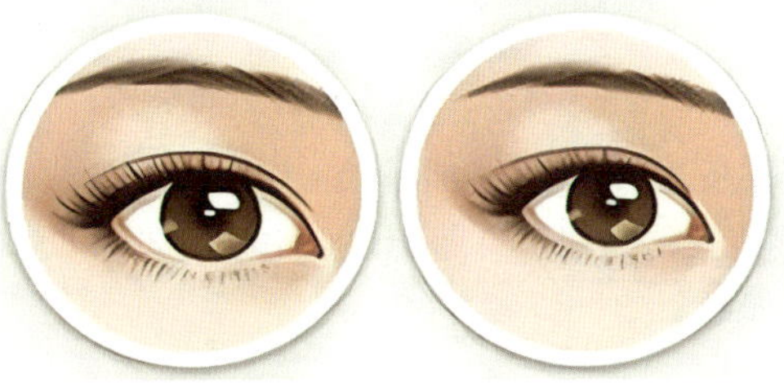

图 4-73 平扇形和开扇形双眼皮

（4）欧式双眼皮。这种双眼皮宽而清晰，眼球四周有一圈明显的眼眶沟，给人一种立体、深邃的感觉。欧式双眼皮一般只适合眉弓特别高、眉毛靠近眼睛的脸型，亚洲女性并不太适合（见图 4-74）。

图 4-74 欧式双眼皮

3. 贴双眼皮贴的技巧

（1）了解眼睛的形状。贴双眼皮贴之前先观察自己眼睛的形状，如果是太圆的眼睛，尤其是又小又圆的眼睛，一定要先画出长度。

（2）了解成型效果。先用小工具在上眼睑边缘上方推顶眼皮，如果能形成褶皱，粘贴双眼皮贴容易成型；如果仅能起很浅的褶皱，粘贴就比较困难，一般只能贴成内双。

（3）将皮肤清理干净。手上的油脂、灰尘先用湿纸巾擦干净，以防粘附脏污后失去黏性。

（4）找准位置。闭上眼，用手指轻轻将上眼皮往上推，在试验的位置贴上双眼皮贴，然后将推上去的眼皮放下，这样就形成了双眼皮。

（5）隐蔽性处理。可以使用眼影进行遮盖。双眼皮贴用法如图 4-75 所示。

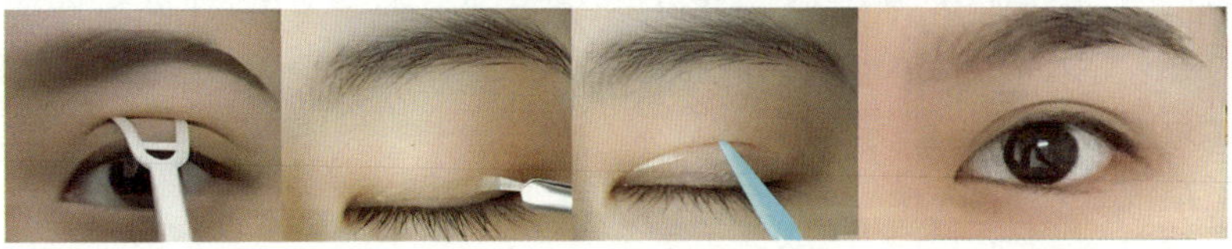

图 4-75 双眼皮贴用法

能力培养与训练

眼睛修饰

实训目标

通过眼影、眼线、睫毛和双眼皮贴修饰眼睛的轮廓和立体感。

实践步骤

1. 选择适合自己的双眼皮贴，改善眼睛不足。
2. 选择合适的眼部彩妆工具和材料，画出精细的眼部彩妆。
3. 学生相互点评，教师总评。

实践成果

展示半面眼妆对比效果。

考核评价

个人形象设计课程考核方案

课程名称	个人形象设计	任课教师			
适用班级：			满分：100 分		
考评项目	考核范围	评价方式	项目满分	权重	完成时限
眼妆	1. 眼型调整 2. 眼影 3. 眼线 4. 睫毛	教师分析评判	100	70%	1 课时
妆面展示	1. 讲解处理方式 2. 对比效果	教师分析评判	100	30%	

第六讲 浓妆淡抹——眉毛和唇部

眉毛在面部占有重要的位置，从审美角度上来说，是我们脸部的重心。眉毛的粗细、长短、浓淡、形状，不但可以凸显表情，还可以调整脸型，影响五官的立体效果（见图 4-76）。

图 4-76　眉毛的作用

一、眉形的发展

古往今来，眉妆备受人们的重视。古有词“眉目”，泛指容貌，“娥眉”“粉黛”一直被人们作为美女的代称。历代文人的诗词曲赋、传奇笔记中，有关女子眉妆的描述更是俯拾皆是。

（一）中国历代眉形

1. 先秦·素雅之美

先秦的眉妆没有过多的人工修饰，取名“蛾眉”。眉形仿照了蚕蛾的触须，既长又弯，给人以清新素雅之感。《卫风·硕人》描写了卫庄公夫人齐庄姜的形象：“手如柔荑，肤如凝脂，领如蝤蛴，齿如瓠犀，螓首蛾眉。巧笑倩兮，美目盼兮。”诗中的“蛾眉”即是对齐庄姜长而弯的眉毛的赞美。

2. 汉代·魅惑眉妆

汉代是眉妆史上第一个高潮期，眉形也比较多样化，从长眉到八字眉，还有以眉色命名的远山眉以及愁眉（见图 4-77）。

在蛾眉的基础上变化而来的长眉，风行于汉代贵族女子中。长眉的特点是长和阔。八字眉是在长眉的基础上进一步演变而来的，因眉头抬高而眉梢部分压低，形似“八”字而得名。

其他眉式如远山眉，是一种淡远、细长的眉毛画法，颜色略淡，细长舒扬，宛如水墨画里一泓秋水后面遥远的连山。

汉代还流行过一种惊翠眉，但很快被梁冀妻发明的“愁眉”取代了。所谓愁眉，即细而曲折的眉，色较浓重，眉梢上翘。由此产生了一个新的词语：愁蛾。后世常用来形容女子发愁，谓之愁蛾紧锁。

3. 六朝·多彩眉色

魏晋南北朝时期，眉式仍循环前朝正统的蛾眉与长眉，亦有复古之情寓于其中。虽然眉式单一，但是眉色的丰富却让眉妆从质朴走向了富丽。翠眉盛行，兼有黑眉与黄眉。眉妆亦从宫闱豪门扩大到了民间。

图 4－77　魅惑眉妆

4. 隋唐·大放异彩

隋唐两代相继出现了画眉史上的两次高潮。隋炀帝不惜加重征赋从波斯（今伊朗）大量进口螺子黛，赐给宫人画眉。

唐代的眉妆变幻莫测，达到登峰造极的地步。初唐的月眉即月形眉，宽而曲，已有阔眉的初兆，到唐高宗时逐渐过渡，武则天在位时达到高潮，持续至开元盛世。初唐时期，眉妆崇尚长、阔、浓，非常醒目。盛唐时期，从开元盛世到天宝年间，流行的眉形为长、细、淡眉，名称有蛾眉、远山眉、青黛眉等。到了中唐，天宝至元和年间，八字眉重新流行，和乌唇、椎髻形成了“三合一”特色的“元和时世妆”。晚唐的眉妆继承了浓和阔的特点，但非常短，最有代表性的是“桂叶眉”以及血晕妆、柳眉等（见图 4－78）。

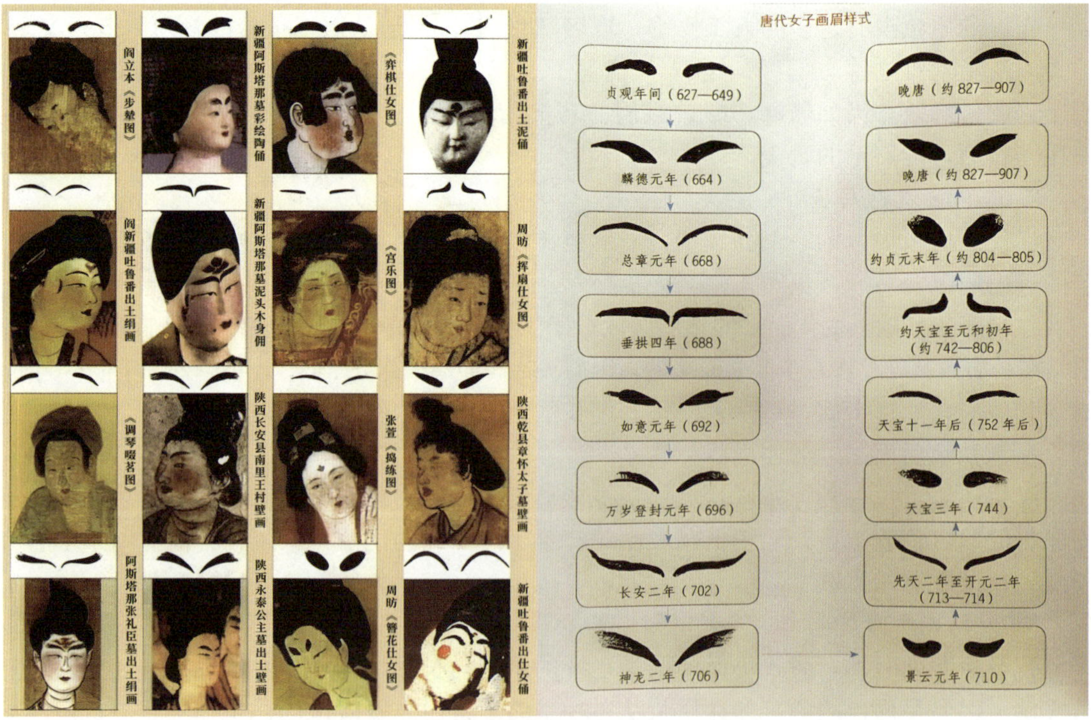

图 4－78　唐代眉形

5. 宋元·回归质朴

宋元两代的宫女和民间女子的眉妆基本是复古的长蛾眉。宋代后妃都偏爱唐代遗风的倒晕眉。倒晕眉，眉尖和眉身仿照月眉，但在尾部晕染扩散由深入浅，化入鬓发。元代皇后则画一字眉，该眉形的特点是平直细长，尽显端庄之仪态，也算是其民族特色。

6. 明清·楚楚低眉

明清两代，专制的加强使女子委顺从命、矫饰雕琢，因此清代女子眉妆的特点是眉头高而眉尾低，眉身修长纤细（见图 4－79）。

图 4－79　宋、明清眉妆

纵观眉妆的发展历史，无论是蛾眉、长眉，还是愁眉、远山黛、阔眉、月眉，女子眉形的变化与当时所处的时代密不可分，而眉形的发展从自然到矫饰，再回归自然，不得不说，潮流是个轮回。

（二）西方眉形时尚变化

1. 古埃及时期

古埃及时期流行粗而密的眉毛。这种眉形是古埃及的保护神和健康之神荷鲁斯的形象。埃及人效仿心中之神，在他们的眼睛周围涂上黑色的氧化物和碳颜料。这种装扮被认为可以驱赶苍蝇、防止感染，保护眼睛不受阳光的伤害，同时还能传递荷鲁斯的保护力量。

2. 古希腊、古罗马时期

古希腊、古罗马时期主要强调女性的纯洁和自然特征。眉毛是浓密的，呈一字形，甚至有时会连成一片。在希腊，已婚女性不动眉毛，而未婚女性则用黑香熏黑眉毛。古罗马人认为眉毛整齐是智慧的象征，许多女性甚至画出一个假的整齐的眉毛来让自己看起来像一个智者。

古埃及、古希腊、古罗马流行的眉形如图 4－80 所示。

3. 中世纪时期

中世纪时期眉毛是细长的，呈弧形，与发际线相呼应，拉长了脸部的比例。中世纪女性认为眉毛是纯洁和贞节的象征，所以她们会用剃刀或蜡来修剪眉毛。

4. 文艺复兴时期

文艺复兴时期的女性认为眉毛是个性和创造力的象征。女性经常把眉毛修得很细，通过淡化眉毛、扩大额头来营造智慧的感觉。

中世纪和文艺复兴时期的眉形如图 4－81 所示。

图 4-80　古埃及、古希腊、古罗马流行的眉形

图 4-81　中世纪和文艺复兴时期的眉形

5. 18 世纪

18 世纪初，浓重而饱满的眉毛最受欢迎。因为前期拔毛过度和使用含铅的有毒化妆品导致脱发，很难长出眉毛，所以人们用老鼠的毛做假眉毛来解决眉毛缺失的问题。

6. 西方近现代眉形发展

20 世纪 20 年代的线形平眉：流行剃掉眉后再画出眉毛，画的眉毛前端笔直、尾部弯曲，像是来自铅笔的细线一般，透出阵阵魅惑的味道，这种眉形在无声电影时代能够帮助演员在银幕上更夸张地表达感情。

20 世纪 30 年代的拱形细眉：依旧流行幼长的细眉，但眉形彻底改变了。从前端较平的眉形改为曲度变大、眉峰更高的眉形，有一点像圆拱形。

线形平眉和拱形细眉如图 4-82 所示。

图 4-82　线形平眉和拱形细眉

20 世纪 40 年代的自然挑眉：眉形变得柔和了许多，女性用眉镊修出高挑的眉峰。为了让眉毛更加立体，女性会涂上凡士林或橄榄油，这样不仅能让眉毛看起来更亮，还会让眉毛看起来根根分明，有一点像现在染眉膏的效果。

20 世纪 50 年代的浓密粗眉：随着迪奥先生的 New Look 新风貌时装的诞生，整个世界的时尚审美也随之改变。眉形同样不例外。人们抛弃了 20 世纪 20 年代至 40 年代流行了数十年的细眉，都以拥有奥黛丽·赫本、伊丽莎白·泰勒那样的浓眉为傲。

自然挑眉和浓密粗眉如图 4-83 所示。

图 4－83　自然挑眉和浓密粗眉

20 世纪 60 年代的逼真浓眉：眉妆渐趋自然柔和，没有 20 世纪 50 年代那般浓重。当时的眉妆会先修剪眉毛，再用眉笔一笔一笔细细小小地勾勒，画出来的眉毛像真实的毛发一样，创造出逼真流畅的眉形。

20 世纪 70 年代的自然淡眉：20 世纪 70 年代的眉妆顺应了 20 世纪 60 年代的自然趋势，淡化了彩妆痕迹，倾向于用修剪的方式来塑造眉形，再用淡淡的眉笔填充眉形。这种眉妆看上去自然舒适，现在不少女性依旧喜欢这种眉妆。

逼真浓眉和自然淡眉如图 4－84 所示。

图 4－84　逼真浓眉和自然淡眉

20 世纪 80 年代的随性粗眉：到了 20 世纪 80 年代，粗眉回归，眉尾也变得稍平了一些，与 20 世纪 50 年代相比更加随性一些，甚至会显得有些粗糙。虽然看起来杂毛丛生，但却符合这个时代自由、独立、健康的新女性形象。

20 世纪 90 年代的多变眉妆：进入 20 世纪 90 年代后，眉妆就开始变得千变万化，女性不再单一追求某种眉形，会按照自己的喜好去修剪眉毛。

随性粗眉和多变眉妆如图 4－85 所示。

图 4－85　随性粗眉和多变眉妆

进入21世纪后，我们开始接收到越来越多的美妆信息，以及受到各种各样的审美影响，眉妆的流行趋势时常在变化，对我们来说最重要的还是找到适合自己的眉形（见图4-86）。

图4-86　21世纪后的眉形

二、眉毛的构造

在修眉、画眉前要先了解标准眉形各比例之间的关系，各种眉形都是在标准眉形的基础上，根据脸型特点加以适当调整的。

（一）标准眉形各部位关系

（1）眉头位于鼻翼的垂直线上。

（2）眉头和眉尾在同一水平线上。

（3）眉峰在眉头到眉尾的2/3处（眼睛平视时，黑眼球的外侧和外眼角区域）。

（4）眉峰到眉梢的长度为眉长的1/3，眉峰的高度与水平线呈25°夹角。

（5）眉毛长度是眉尾位于鼻翼到外眼角的延长线上（见图4-87）。

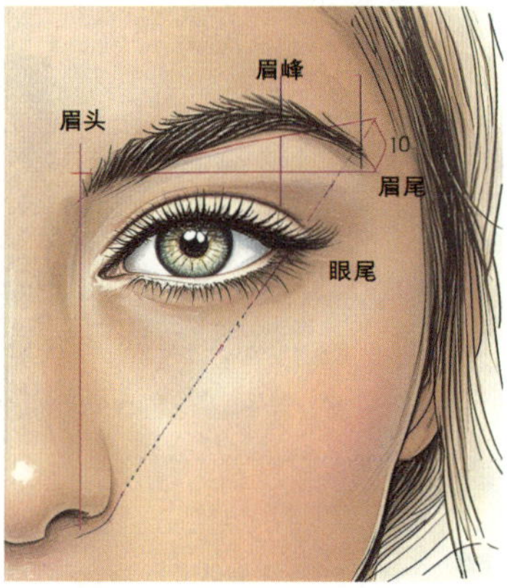

图4-87　眉毛各部位比例关系

（二）眉毛的比例不当对脸型和五官的影响

1. 眉毛长度的影响

过短的眉形让脸看起来宽、胖、圆（见图4-88）。

图4-88　短眉对脸型的影响

过长的眉毛会影响五官的立体感，弱化眼睛和鼻子的表现力（见图 4－89）。

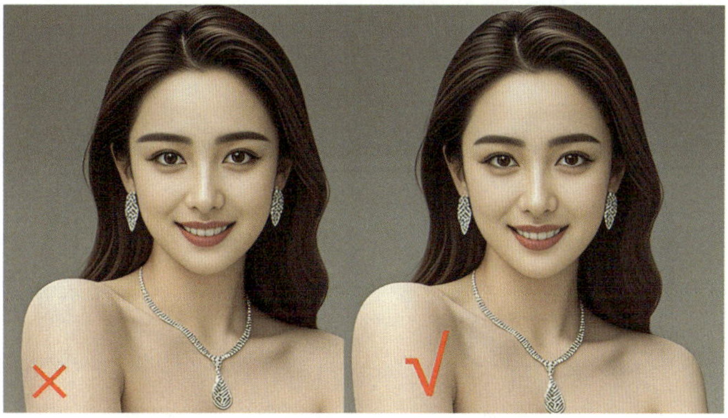

图 4－89　长眉对五官的影响

2. 眉峰高度的影响

过高的眉峰虽然时尚，但是让人感觉冷漠、严厉（见图 4－90）。

图 4－90　眉峰过高对气质的影响

过低的眉峰首先会影响脸型，没有瘦脸的功效；其次会压迫眼睛，显得五官过于集中，看上去不够舒展（见图 4－91）。

图 4－91　眉峰过低对脸型和五官的影响

3. 眉毛粗细的影响

过粗的眉毛不仅存在感太强，抢走了其他五官的风采，还会令五官看起来死板、不时髦。

过细的眉毛会使脸部缺少重心，使脸部缺少立体感，同时加大了眉眼的距离，使人看上去缺少精神、比较老气，而且没有瘦脸的效果。

眉毛粗细对面部的影响如图 4－92 所示。

图 4－92　眉毛粗细对面部的影响

那么眉毛多粗合适呢?

不同的人适合的眉毛宽度是不同的，因为所谓的“粗”和“细”是相对于整个脸的比例来讲的。同样的宽度放在不同的人脸上，效果可能大相径庭。所以，我们不能用一个具体的数字来规定。

最好的测量方式是：目视正前方，你的上眼睑至瞳孔间的距离是比较适合你的眉形宽度。也可以用上眼睑至下眼睑的 2/3 这个距离来大概测量（见图 4－93）。

图 4－93　眉毛的粗细

三、脸型与眉形的选择搭配

（一）椭圆形脸与标准眉形

椭圆形脸被称为标准脸型，所以搭配标准眉形。

眉形要点：

1. 眉峰要略低

眉峰处理在眼尾平行处，但上扬幅度一定要自然，不能太高，否则会显得五官过于凌厉（见图 4－94）。

2. 眉尾不能太长

眉尾最好过眼尾一点即可，因为椭圆形脸本来就是不错的脸型，太长的眉尾反倒显得脸宽（见图 4－95）。

图 4－94　眉峰造型

图 4－95　眉尾造型

3. 眉头不需要太低

眉头可画可不画，尽量自然处理，会使整个人显得更加自然利落（见图 4－96）。

图 4－96　眉头处理

（二）圆形脸与上扬眉

圆形脸要尽量避免使用圆润的线条，眉毛线条要直，眉峰上扬，适合上扬眉。

眉形要点：

1. 眉尾一定要长

眉尾最好延长至太阳穴附近，能起到延长五官的视觉效果（见图 4－97）。

2. 眉峰一定要挑

眉峰最高处可选择与外眼角平行，微微扬起再延长落下，能起到拉长脸型的效果（见图 4－98）。

图 4－97　眉尾处理

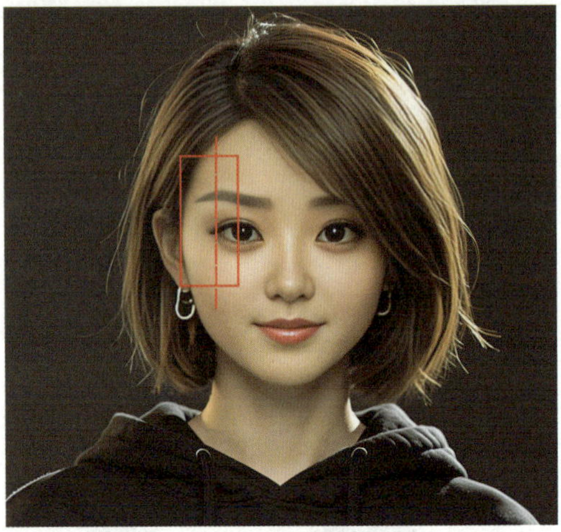

图 4－98　眉峰造型

3. 眉头一定要略低

眉头离上眼线位置较近（见图 4－99）。

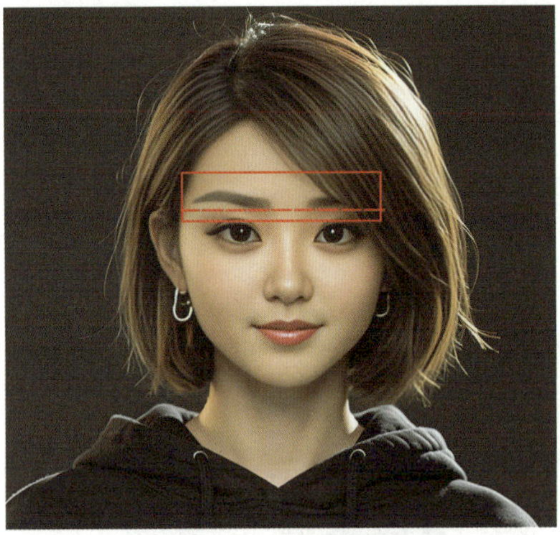

图 4－99　眉头造型

（三）长形脸与一字眉

长形脸适合粗一点的一字眉。这种眉形能转移人们对脸型长度的关注，放宽脸的宽度，使脸型得到更好的修饰。

眉形要点：

1. 眉峰一定要平

眉峰在眉毛 2/3 处起，尽量平。如果非要挑眉，建议眉毛粗一点（见图 4 - 100）。

2. 眉间距可略微加宽

眉间距加宽可从视觉上达到加宽脸型的效果（见图 4 - 101）。

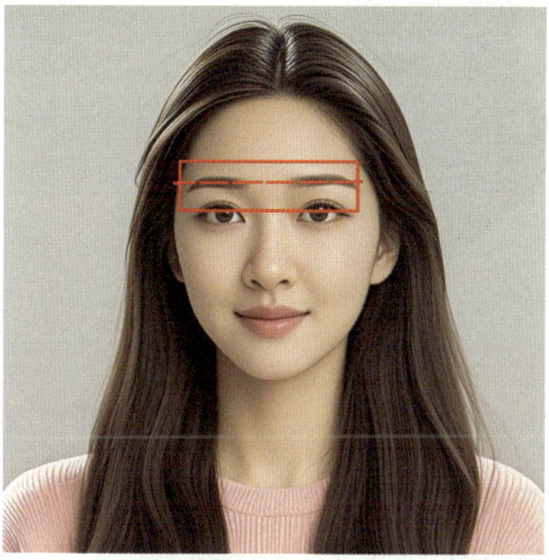

图 4 - 100　眉峰造型

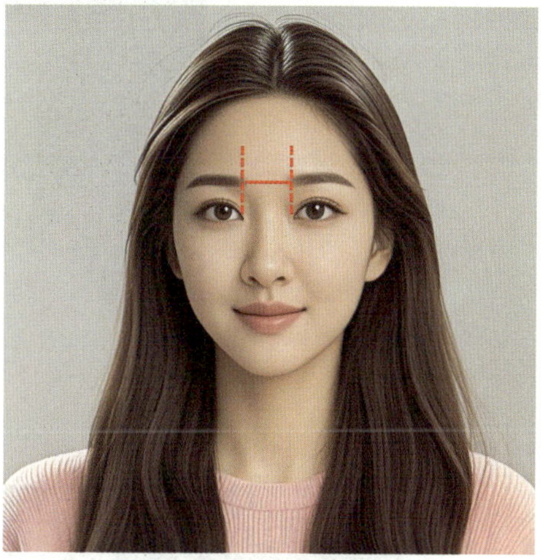

图 4 - 101　眉间距造型

3. 长度适中

眉尾最好过眼尾一点即可，过长的平直眉反而使脸部变得像块板砖（见图 4 - 102）。

图 4 - 102　眉毛长度

（四）方形脸与落尾眉

方形脸的眉形避免使用过于直、硬的线条，可选择有弧度的上扬眉、落尾眉等，能起到柔化面部曲线的作用。

眉形要点：

（1）眉峰角度圆润柔和，可以中和过于硬朗的面部线条（见图 4 - 103）。

图 4-103　眉峰造型

（2）眉毛稍粗，更粗的线条和加强的颜色可以平衡宽大的下颌（见图 4-104）。

图 4-104　眉毛粗细

（3）眉头要阔，通过开阔的眉间距和视错效果，平衡、收拢外扩的下颌线（见图 4-105）。

图 4-105　加宽眉间距

（五）倒三角形脸与长平眉

倒三角形脸适合少许弧度和略微粗一些的眉毛，可在视觉上缩窄额部的宽度。

眉形要点：

（1）眉尾略长。眉形有一定的长度，具有时尚、年轻感（见图 4－106）。

图 4－106 眉尾造型

（2）眉间距不要过宽。适当缩短眉间距，使过宽的额头有聚拢效果（见图 4－107）。

图 4－107 缩小眉间距

（六）菱形脸与流星眉

菱形脸适合自然柔和的流星眉，不适合挑眉。

眉形要点：

（1）修长的流星眉。线条平直自然大方，不宜太粗。眉尾比眉头低，不要带有任何眉峰，尽量保证眉毛的圆弧感。

（2）眉间距不要太窄，眉峰尽量靠外，在眉毛的 2/3 处最好，眉头稍粗，能使面部更加清秀（见图 4－108）。

图 4 - 108　菱形脸眉形

（七）正三角形脸与标准眉

有眉峰的标准眉形更合适正三角形脸，这样可以把大家的视线集中在脸的上半部分，忽视比较宽的脸的下半部分。

眉形要点：

（1）眉间距不要太窄。眉间距的宽窄影响下颌的宽度。

（2）眉形稍粗。稍粗的眉形可以转移视线，平衡下颌（见图 4 - 109）。

图 4 - 109　正三角形脸眉形

四、男士眉形

男士标准眉形是自然眉形的一种，整体眉形偏向中国书法中的“一”字，前段较平，但有一点角度的上扬，眉峰明显，却不张扬，眉尾较短，逐渐收尖（见图 4 - 110）。

常见的眉形有剑眉、平直眉、自然眉、弦月眉等（见图 4 - 111）。

主要特点：

（1）硬朗。体现男性的阳刚美。

（2）眉尾短粗。眉尾长、细的眉形显得比较女性化。

图 4-110　男士标准眉形

图 4-111　男士常见眉形

五、画眉工具及材料

（1）眉毛刷：刷头分两边，一边刷毛硬而密，一边为单排梳，可在梳理眉毛的同时梳理睫毛，使黏合的睫毛便于清晰地分开。

（2）眉扫：扫头斜角形状，毛质细，软硬适中，使用时扫少许的眉粉于眉毛上，画出的眉毛自然真实，也可以用作眼线晕染。

眉毛刷和眉扫如图 4-112 所示。

（3）修眉刀：刀头锋利，便于剃掉多余的眉毛。因为刀面非常锋利，所以要慎用。一般是安全刀头设计。

（4）修眉剪：迷你型剪刀。刀头部尖端微微上翘，便于修剪多余的眉毛。修眉剪也可作裁剪化妆美目胶布贴。

修眉刀和修眉剪如图 4－113 所示。

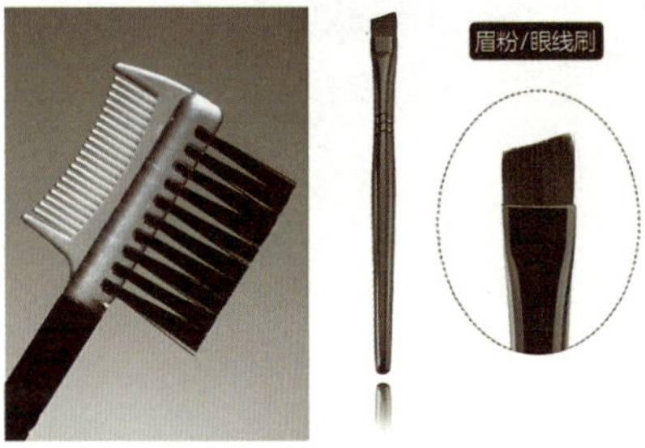

图 4－112　眉毛刷和眉扫

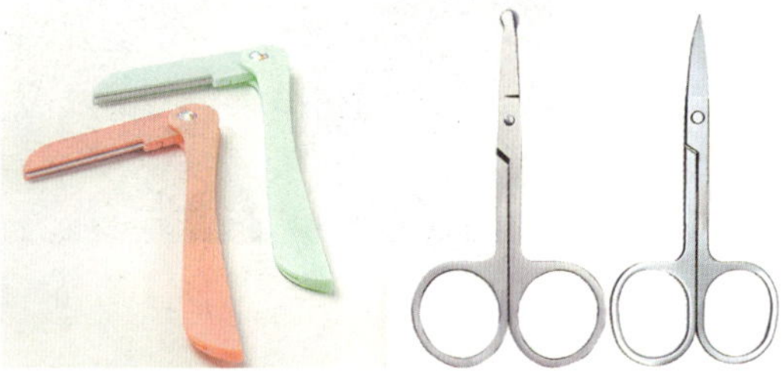

图 4－113　修眉刀和修眉剪

（5）眉笔：具有调整眉形、强调眉色的作用，使面部整体协调。在眉毛所需要的部位描画，描画后再用眉毛刷或眉扫均匀扫开。

（6）液体眉笔：笔头很细，可以画出很细致、以假乱真的眉毛。比较适合有经验的老手。

眉笔和液体眉笔如图 4－114 所示。

（7）眉粉：功能与眉笔一样，区别在于眉粉是粉状的盒形包装，能画出自然的眉毛，不生硬，比较适合新手。用眉刷蘸少许眉粉均匀扫于眉部。

（8）染眉膏：有不同颜色，深色染眉膏可加强眉毛的浓密度，浅色染眉膏可减淡眉毛的颜色。不同颜色的染眉膏还可以和头发颜色整体搭配协调。

眉粉和染眉膏如图 4－115 所示。

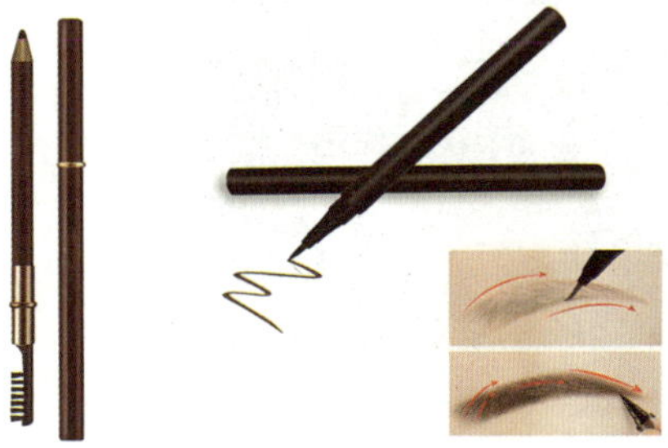

图 4－114　眉笔和液体眉笔

图 4－115　眉粉和染眉膏

六、不同眉形的修饰技巧

（1）标准眉：不需要过多修饰，用修眉刀修去多余眉毛即可。

（2）一字眉：特征是眉头、眉腰、眉峰、眉尾基本在同一水平线上，给人平和、孩子气的感觉。只有长形脸的人适合一字眉。

修剪要点：主要从眉腰和眉峰下方修剪多余眉毛，修出有弧形的眉形。

画法：在眉毛上方描画，加强眉腰和眉峰的弧度（见图 4－116）。

图 4－116　一字眉修饰技巧

（3）上扬眉：特征是眉头较低，眉峰、眉尾较高，给人精神、时尚的感觉，但是眉峰、眉尾过高会显得冷漠、严厉、脸长，适合圆形脸人。

修剪要点：从眉峰上方向下修剪多余眉毛，让眉峰显得低一些。

画法：在眉毛下方描画，使眉形显得柔和（见图 4－117）。

图 4－117　上扬眉修饰技巧

（4）下挂眉：特征是眉尾低于眉头，给人犹豫、苦恼的感觉。除非是角色的需要，在现实生活中一般不需要下挂眉。

修剪要点：修掉低于眉头的眉尾，但眉尾要保持尖而细的形状。

画法：从眉峰到眉尾向上描画，使眉毛不显得下吊（见图 4－118）。

图 4－118　下挂眉修饰技巧

（5）圆弧形眉：特征是从眉头到眉腰、眉腰到眉峰、眉峰到眉尾都呈圆弧状，给人温柔、婉约的感觉。这种眉形缺少一定的力量感，显得老气，不太符合现代审美，尤其不适合圆形脸人。

修剪要点：主要着重修剪眉峰到眉尾一段，减小眉毛的弧度。

画法：整个眉毛可用直线条来描画，以减小眉毛的弧度（见图 4－119）。

图 4－119　圆弧形眉修饰技巧

（6）柳叶眉：特征和圆弧形眉相似，但是整体眉形细而弯，给人古典的感觉，但是缺少力量和时尚感，让人感觉老气和俗气。

修剪要点：修掉多余眉毛即可。

画法：主要增加眉毛宽度，让眉毛看起来更有立体感（见图 4－120）。

图 4－120　柳叶眉修饰技巧

（7）近心眉：特征是两边眉头距离较近，给人忧愁、紧张、焦虑的感觉。

修剪要点：修掉超出内眼角上方多余的眉毛。

画法：不要过于突出眉头，修剪后眉头要自然，保持原有的毛流感（见图 4－121）。

（8）远心眉：特征是两边眉头距离较远，给人无忧无虑、开朗的感觉。

修剪要点：修掉过长的眉尾。

画法：着重于眉头的描画，拉近两眉头之间的距离（见图 4－122）。

图 4-121　近心眉修饰技巧

图 4-122　远心眉修饰技巧

(9) 残缺、浓淡不均、稀少的眉毛：先浅刷一层眉粉，然后在上面用削尖的眉笔顺着眉毛生长方向一根一根画出眉毛，做到自然真实（见图 4-123）。

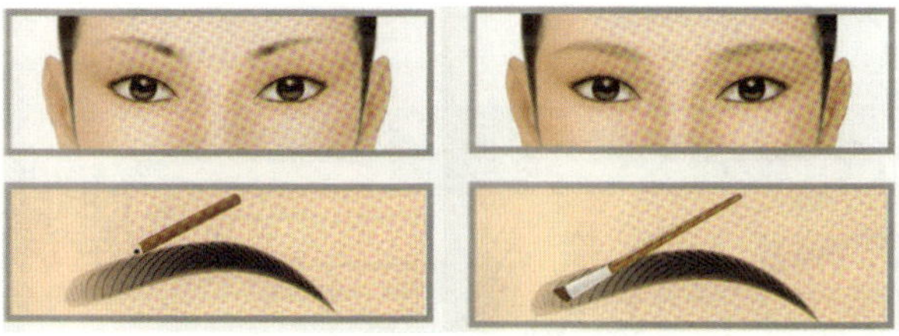

图 4-123　残缺、浓淡不均、稀少的眉毛修饰技巧

(10) 太密的眉毛：太密的眉毛会减弱眼睛的表现力，缺少立体感，所以要适当修剪。先用棕色眉笔画出理想的眉形，然后拔除多余的眉毛。如果眉形合适，则挑选着把眉毛拔稀松一些。

(11) 太短的眉毛：需加长眉梢的长度，使眉梢、外眼角、鼻翼外侧构成一条直线，眉头和眉梢在一条直线上。先在加长的眉梢处涂上一层眉粉，再按照眉毛的方向一根根画出眉毛。

太密的眉毛和太短的眉毛修饰技巧如图 4-124 所示。

图 4-124　太密的眉毛和太短的眉毛修饰技巧

七、唇部彩妆

唇部彩妆是一种主要用于嘴唇上，可以增加嘴唇色泽或改变嘴唇颜色的化妆品。

（一）唇部彩妆用品

（1）唇线笔：勾画唇部轮廓，增强立体感。

使用方法：在唇部边界描画理想的唇线，加强立体效果。

（2）润唇膏：无色或浅淡色润唇膏能有效滋润唇部，预防唇部干纹和干燥破裂；防晒润唇膏能有效地防止紫外线伤害，使唇部保持健康滋润。

使用方法：直接涂于唇部，补充水分不足的部位。

唇线笔和润唇膏如图 4-125 所示。

（3）唇膏：增强唇部色彩，使整体妆容协调柔和。

使用方法：用唇扫蘸取适量唇膏涂盖于唇部。有经验或懂得技巧的可直接涂抹。

（4）唇彩：黏稠液状，色彩丰富，明亮滋润，可以增加唇部立体感与光亮感，使唇部更加丰满滋润。

使用方法：在已涂唇膏的唇上，用唇扫蘸取适量涂抹，也可直接涂抹于裸唇上。

唇膏和唇彩如图 4-126 所示。

图 4-125　唇线笔和润唇膏

图 4-126　唇膏和唇彩

（二）口红颜色选择

（1）根据牙齿需求选择：橙红色凸显淡黄色牙齿，葡萄酒红色可以使牙齿亮白。

（2）根据嘴唇厚薄选择：浅色或光感的颜色可使嘴唇看起来丰厚，深色或哑光的颜色可使嘴唇有缩小的效果。

（3）根据妆容和服装选择：注重整体搭配。

（三）唇部结构

标准的唇部结构有唇峰、唇角、唇谷、唇珠，这些结构作为基础点支撑整个唇形。而标准唇形除了拥有这些结构，还有适当的比例。唇部纵向的比例：上唇与下唇的比例为1∶1.5（也就是说下唇应该比上唇厚一点）。唇部横向的比例：唇角到唇峰外缘的距离与两个唇峰之间的比例为1∶1∶1（见图4－127）。

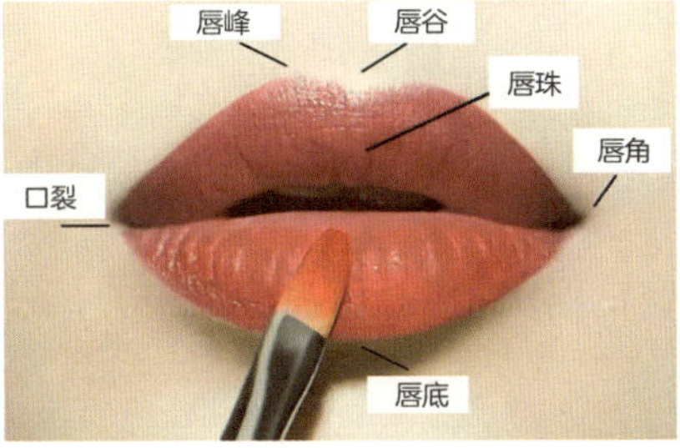

图4－127　标准的唇部结构

（四）唇部画法

（1）先做唇部护理，用润唇膏滋润唇部肌肤。

（2）打底。使用遮瑕或粉底液遮盖嘴唇颜色，让口红原本的颜色更真实地呈现出来。

（3）勾勒唇部形状。

1）定唇峰，唇峰角度要大于90°小于100°。

2）定下唇形最低点。把唇形的基本中心点定好，只有中心点定好了，唇形才不会歪。

3）画上唇。选择唇部比较满意的一侧，将唇峰和唇角连接起来，注意线条饱满流畅。另一侧对称画出。

4）画下唇与上唇一样，将唇角与唇形最低点连接，注意线条饱满流畅。

（4）填充唇膏。根据妆容需要填充适当的唇膏。

要点提示：

1）如果不想用唇线笔勾勒唇形，可以直接用唇刷或者唇膏涂出清晰、精致的唇部线条。

2）咬唇妆不需要勾勒唇线。因为要做一个渐层过渡，所以不需要清晰的唇部轮廓。

唇部画法如图4－128所示。

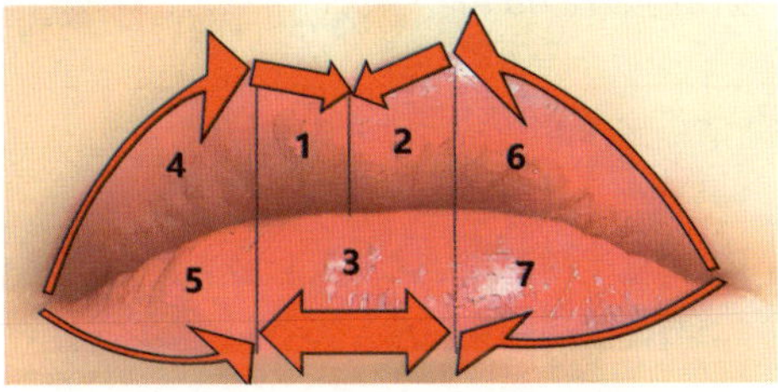

图4－128　唇部画法

知识拓展：历代唇妆代表

能力培养与训练

眉毛修饰

实训目标

根据脸型和眉毛特征，选择并修饰适合自己的眉形。

实践步骤

1. 分析脸型。
2. 选择并修饰眉形。
3. 根据化妆流程，完成半面妆面。
4. 学生相互点评，教师总评。

实践成果

展示半面眉妆对比效果。

考核评价

个人形象设计课程考核方案

课程名称	个人形象设计	任课教师			
适用班级：			满分：100 分		
考评项目	考核范围	评价方式	项目满分	权重	完成时限
眉毛	1. 脸型调整 2. 眉毛浓淡、粗细 3. 自然、精致	教师分析评判	100	70%	1 课时
妆面展示	1. 讲解整个妆面的处理方式 2. 对比效果	教师分析评判	100	30%	

第五篇

风 格 篇

学习目标

知识目标

1. 了解风格定位的方法，掌握各种风格特点。
2. 了解各种风格搭配技巧，掌握风格的体现方法。

能力目标

1. 能够区分不同风格特点，准确辨别各种风格。
2. 能够根据一个人的整体特征进行风格塑造。

素质目标

1. 掌握美的标准，包容美的多样性。
2. 了解风格特征，掌握个性美、主流美和传统美的标准。

情境导入

同样的发型、妆容、服装用来给不同的人装扮，出来的效果大相泾庭，有的俗魅不堪，有的矫揉造作，但有的就完美地贴合自身气质，并且放大了自身的优势。这就是每个人与生俱来的特质对于衣着类型的要求。个人风格诊断绝对不是限制你的选择范围，而是明确你的定位，是为了让你在穿衣打扮上找到更符合自己的风格。

第一讲 风格定位

完整的个人风格包含面部特征、身材骨骼、个人喜好、审美、性格、职业。其中面部特征和身材属于较恒定的因素，而个人喜好、审美和性格则会随着阅历和年龄发生较大的改变。风格2～3年就需要重新测试。

人体的主要特征是由面部、身体、性格特征构成的。在进行风格定位时，要以面部为主，面部特征约占70%，身体特征约占20%，性格特征约占10%。

一、面部量感特征

不同量感和曲直比例构成了千人千面。所以，你会看到有的人显年轻，有的人五官大气紧凑显成熟，而我们大部分人是中间型，和实际年龄相符（见图5-1）。

图5-1　面部量感

小量感特征：五官小巧精致，给人轻松活泼、缺乏安全感的感觉，不够成熟稳重。

大量感特征：五官大气立体，量感偏大，给人沉稳大气的感觉，不过气场太强大，容易给人压迫感。

中等量感特征：五官大小均衡。

二、面部线条特征

五官的线条走向、面部的骨骼感以及清晰度，都会影响脸部线条的曲直。

影响脸部线条的主要部位是颧骨和下颌骨。高颧骨伴有颧弓外扩的菱形脸，下颌骨明显的方形脸、三角形脸，呈现骨骼感明显、棱角多的特征，属于直线型。圆形脸、椭圆形脸和心形脸面部线条呈现流畅的曲线（见图5-2）。

细长型的眼睛偏直线，更能给人精明干练感，自信张扬，如果眼尾同时上挑，还有一种勾人的媚态。圆鼓鼓的眼睛整体偏圆，眼角、眼尾偏钝角，给人单纯少女感。

眼神清澈纯洁，给人软萌想保护的欲望，这种眼睛偏曲线条。眼神坚定，充满力量感，这种眼睛偏直线条（见图 5－3）。

图 5－2　面部线条特征

图 5－3　眼睛线条特征

根据整体线条、神态特征，女士一般分成八大风格（戏剧型、前卫型、少年型、自然型、古典型、优雅型、浪漫型、少女型）；男士一般分成六大风格（戏剧型、前卫型、少年型、自然型、古典型、浪漫型）（见图 5－4）。

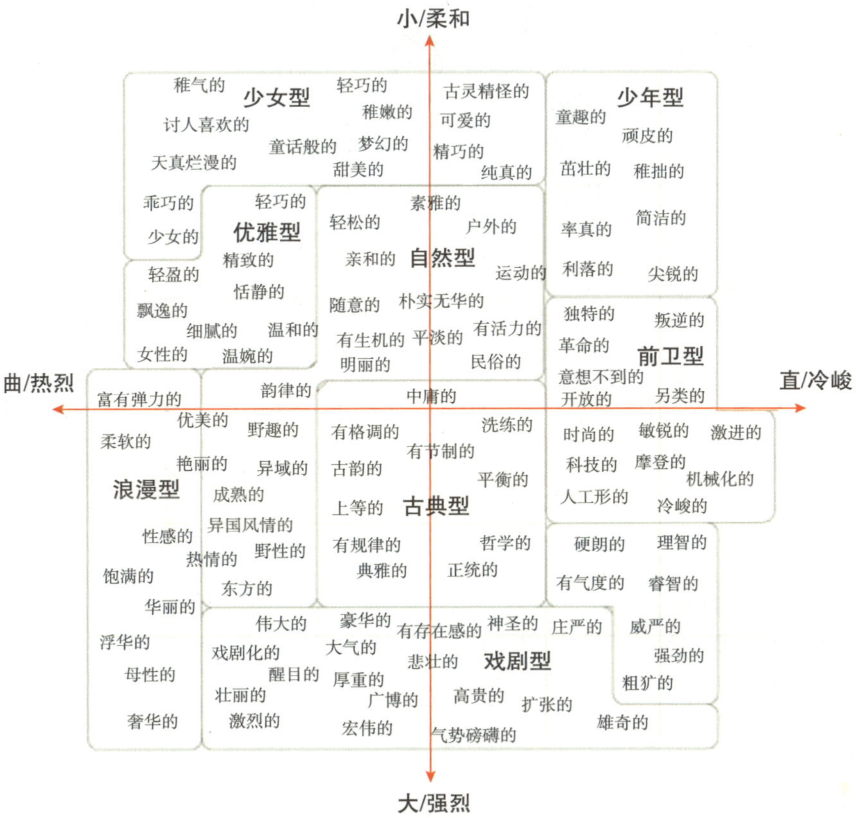

图 5－4　风格情感象限

每种风格人体特征如图 5－5 所示。

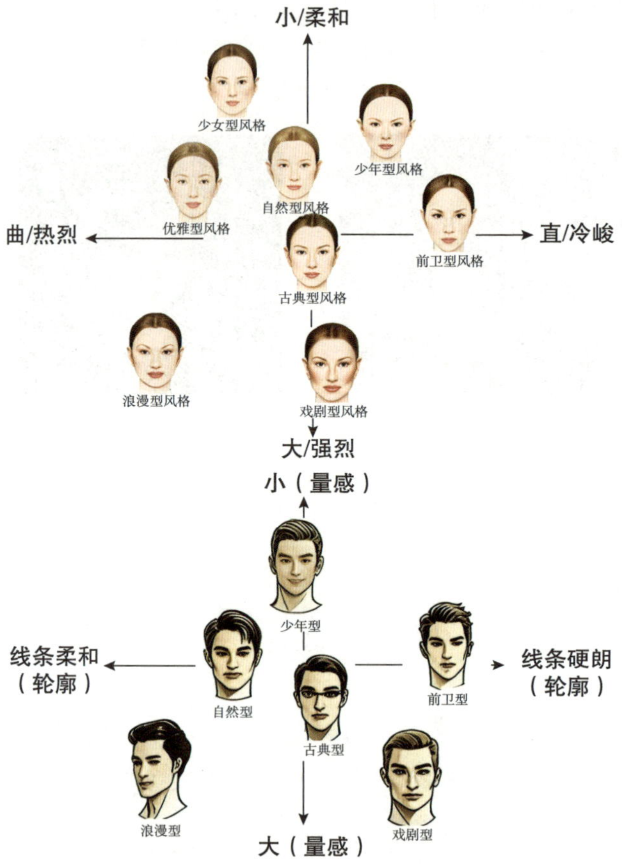

图 5－5　男女人体特征象限范围

知识拓展：测试自己的穿衣风格

能力培养与训练

风格定位

实训目标

了解不同面部量感和线条特点，掌握不同风格情感象限。

实践步骤

1. 通过外观特征分析自己的外观特点。

2. 在风格情感象限中找到修饰词。
3. 在人体风格象限中找到符合自己特征的人物造型。
4. PPT 对比展示。
5. 学生相互点评，教师总评。

实践成果

模特和 PPT 展示风格搭配。

考核评价

个人形象设计课程考核方案

课程名称	个人形象设计	任课教师			
适用班级：			满分：100 分		
考评项目	考核范围	评价方式	项目满分	权重	完成时限
风格定位	1. 量感分析 2. 线条分析 3. 情感特征掌握	教师分析评判	100	60%	1 课时
人体特征比对	1. 是否符合风格特征 2. 讲解展示	教师分析评判	100	40%	

第二讲　风格搭配解析

一、戏剧型风格搭配解析

大量感，整体呈现出直线型，给人一种夸张、大气、醒目、成熟的感觉。

（一）戏剧型风格外观特征

（1）面部轮廓线分明、存在量感、五官夸张而立体。
（2）身材比例相对均衡，骨感、高大（比实际身材显高）。
（3）性格成熟的、夸张的、大气的、风风火火的。

整体印象雷厉风行、果敢、夸张、大气、爱作秀、喜欢表现自己，就像他们给人的视觉感受（见图 5-6）。

（二）服装款式搭配

简洁、大气、呈直线、大量感。要强调成熟、夸张、张扬、华丽、王者风范，适合有舞台感、宽大的元素，要回避娘娘气、孩子气、小家子气、平凡中庸的装扮。例如：大廓形、大领、宽腰带等夸张、华丽的打扮都能衬托出戏剧型人出众的气质（见图 5-7）。

图 5-6　戏剧型风格外观特征

图 5-7　戏剧型风格服装款式搭配

（三）色彩、图案搭配

色彩要浓郁、饱和度要高，还要有冲击力、强对比，不一定是大面积强烈的色彩，细节有一两处夸张的亮点即可。回避平凡、小气、朴实色调。

图案可以选择量感大一些的花朵、人物、动物、大几何等夸张醒目的图案（见图 5-8）。

图 5-8　戏剧型风格色彩、图案搭配

（四）服装材质搭配

面料材质在一定程度上需要达到一定的硬挺度、厚实感和光泽度，要体现出戏剧型风格特有的夸张和力量感，如皮革、高织棉、粗格呢、牛仔、丝绒面料等（见图 5-9）。

图 5-9　戏剧型风格服装材质搭配

（五）饰品搭配

选择夸张、有力度、大型的配饰单品，色彩不仅要满足浓郁感，还要表达低调的情感，整体给人的感觉是极具气场（见图 5-10）。

图 5-10　戏剧型风格饰品搭配

（六）发型与妆容

戏剧型女士发型：发型要保留量感，适合时尚而夸张的发型、长直发、华丽的大波浪等。回避可爱、拘谨的发型。

戏剧型女士妆容：强调眼睛与嘴唇的个性，用色可以略浓重夸张。

戏剧型男士发型：可曲可直、可松可紧，但要保持力量感和霸气味道。可以适当留长发，发型发量要足，保留一定的重量，散发也要体现一定的张扬感和分量感，从而体现戏剧型男士气场强大的一面。

戏剧型风格发型与妆容如图 5－11 所示。

图 5－11　戏剧型风格发型与妆容

二、浪漫型风格搭配解析

小浪漫：量感居中，妩媚，迷人，曲线感强。

大浪漫：大量感，饱满，感性，宫廷华美感，曲线感强。

（一）浪漫型风格外观特征

1. 浪漫型女士外观特征

面部特征：轮廓及五官曲线感强，眼神迷人而妩媚，女人味足。

身材特征：曲线、丰满、圆润，脖子不是很长，甚至还有一点偏短。

性格特征：直爽、夸张而大气。

2. 浪漫型男士外观特征

面部特征：面部与五官线条相对硬朗来说是偏柔和的，轮廓没有那么硬直，眼神柔和，甚至显现多情，多具备桃花眼，头发自来卷，多具备浪漫特质。

身材特征：身材适中，比较成熟、饱满。

性格特征：温柔、细腻、成熟。

浪漫型风格外观特征如图 5－12 所示。

图 5－12　浪漫型风格外观特征

（二）服装款式搭配

浪漫型风格适合华美的、夸张的曲线裁剪为主的服装，如有腰带的、收腰的、线条明朗的、有装饰感的，甚至是有舞台效果的服装。要掌握时尚与戏剧之间的度，华丽但不能太过夸张，时尚但不能街头。回避过于随意粗糙、另类个性的服饰风格，突出圆润华丽（见图 5－13）。

图 5－13　浪漫型风格服装款式搭配

（三）色彩、图案搭配

用色搭配原则：用自己色彩群中华丽的颜色，但不要用太深的颜色，做对比色搭配较好。

图案：选用曲线感强的花卉图案，梦幻般的流线型图案，水点图案。大花朵、大图案，数量大、排列规律，无须太整齐，可烦琐，团花类、动物类量感中等的都可以（见图 5－14）。

图 5－14　浪漫型风格色彩、图案搭配

（四）服装材质搭配

浪漫型风格适合柔软、华丽、看起来质地高档的材质，如华丽感和光泽感强的丝绒、丝绸类和金银线织物等（见图 5－15）。

图 5－15　浪漫型风格服装材质搭配

（五）饰品搭配

饰品以曲线、有光泽感、华丽夸张为宜，如圆润多装饰的品质上乘、做工考究、样式经典的鞋类，华丽有扣饰的包，夸张、精致而高贵的饰物等（见图 5－16）。

图 5－16　浪漫型风格饰品搭配

（六）发型与妆容

女士发型：中大波浪的、柔软而丰富蓬松的发型，可以是长发或短发，重点是要有曲线的发型。

女士妆容：妆容要精致，强调眼睛、嘴唇及腮红的装饰。

男士发型：飘逸的发型，精致的发型，要有型。

浪漫型风格发型与妆容如图 5－17 所示。

图 5－17　浪漫型风格发型与妆容

三、自然型风格搭配解析

清新自然：量感居中，放松、邻家、洒脱、清新，中庭偏长，清晰度不高，中偏直。
异域自然：量感中大，洒脱、自由、野性。

（一）自然型风格外观特征

（1）面部特征：亲切而自然，轮廓及五官虽线条柔和但呈直线感。
（2）身材特征：直线感强，偏高、潇洒，有运动感。
（3）性格特征：随意、大方，亲和力强（见图 5－18）。

图 5－18　自然型风格外观特征

（二）服装款式搭配

自然、舒适的 H 廓形服装。款式简单、大方、宽松、随意，运动感强，如棒针衫、T 恤衫、牛仔裤等。回避华丽的、夸张的、可爱而调皮的服饰风格（见图 5－19）。

图 5 - 19　自然型风格服装款式搭配

（三）色彩、图案搭配

色彩搭配：选择自己色彩群中柔和的色彩，用单色、邻近色搭配比较好。不宜使用过于强烈的颜色。

图案搭配：可以是粗的条纹、大的方格、几何图案、民族风情、植物、自然风光的图案。不宜使用过分花哨的图案（见图 5 - 20）。

图 5 - 20　自然型风格色彩、图案搭配

（四）服装材质搭配

自然型风格适合朴素、大方、经久耐用的、无强烈光泽感的面料，如棉、麻、粗毛线、混纺、尼龙、灯芯绒、粗呢、粗毛料、人字呢等（见图 5 - 21）。

图 5-21 自然型风格服装材质搭配

（五）饰品搭配

饰品：适合造型质朴的、质地自然的或民族风格的饰物，如石头、木类、铁、铜、贝壳、草编、皮绳、松石等，不适合金银等比较华丽的饰品。

鞋、包：选择造型简单大方、舒适柔软的鞋，选择休闲时尚的牛仔、帆布、皮质的包（见图 5-22）。

图 5-22 自然型风格饰品搭配

（六）发型与妆容

女士发型：随意的、易梳理的、线条流畅的发型。

女士妆容：以淡妆为佳，不要过分突出眼影与口红的颜色。反之，浓眉、文眉、文唇线会破坏性地损害你最有自然魅力的一面。

男士发型：随意、自然的平头；线条流畅或带有运动感的发型；可留文艺感长发，避免过于个性即可。

自然型风格发型与妆容如图 5－23 所示。

图 5－23　自然型风格发型与妆容

四、古典型风格搭配解析

有中量感或中大量感，五官端正，比例均衡、精美，有文化气息，知性，高贵。

（一）古典型风格外观特征

（1）面部特征：面部轮廓与五官端庄并呈现直线感，精致而高贵。

（2）身材特征：身材适中，以直线为主。

（3）性格特征：正统、知性、一丝不苟，有距离感（见图 5－24）。

图 5－24　古典型风格外观特征

（二）服装款式搭配

适合精致的、正式的款式，体现都市化、华贵、精致、高级的感觉。回避过于个性、另类、夸张、醒目、随意、粗糙、可爱的服饰。不适合穿拉链衫、运动帽衫、露脐装等太随意的休闲衣服（见图 5－25）。

图 5-25　古典型风格服装款式搭配

（三）色彩、图案搭配

色彩搭配：使用自己色彩群中偏理性或淡雅的色彩，比如蓝色、灰色、浅驼色等，做邻近色、渐变色搭配。

图案搭配：使用小而细腻的几何形图案，如小条纹、小格子、犬牙纹、千鸟纹、人字呢纹等排列规则图案（见图 5-26）。

图 5-26　古典型风格色彩、图案搭配

（四）服装材质搭配

使用高级的、精致的、细密的、有挺阔感的面料，如精纺毛料、丝织物、针织物和细腻的软皮革等（见图 5-27）。

图 5-27　古典型风格服装材质搭配

（五）饰品搭配

选择做工考究、样式经典的鞋类，方正大小适中的公文包，精致而高贵的饰物，回避明线和仿品（见图 5-28）。

图 5-28　古典型风格饰品搭配

（六）发型和妆容

女士发型：简洁的短发或长发、盘发、整齐严谨的烫发均可，重点体现高贵、一丝不苟。

女士妆容：注重化妆的细节部分，用色柔和，不使用强烈的色彩。

男士发型：整洁、规矩的短发。避免过于杂乱的状态，需要一丝不苟。

古典型风格发型与妆容如图 5-29 所示。

图 5-29　古典型风格发型与妆容

五、前卫型风格搭配解析

小、中量感，与众不同，古灵精怪，直曲均可。

（一）前卫型风格外观特征

（1）面部特征：脸庞偏小，线条清晰，五官个性感强。
（2）身体特征：身材骨感，小巧玲珑（显小）。
（3）性格特征：率直、活泼好动、革新、叛逆（见图 5-30）。

图 5-30　前卫型风格外观特征

（二）服装款式搭配

时尚、反传统的款式，直线造型。裁剪锋利，有棱角，服饰风格与众不同、引领潮流、标新立异，回避平庸、古板、平淡、华丽、正统的服饰风格（见图 5-31）。

图 5-31　前卫型风格服装款式搭配

（三）色彩、图案搭配

色彩搭配：使用自己色彩群中最具时尚、前卫感的色彩。适合使用无彩色和金属色。

图案搭配：适合不规则条纹、格子、抽象几何图形等个性化图案（见图 5-32）。

图 5-32　前卫型风格色彩、图案搭配

（四）服装材质搭配

前卫型风格对面料的驾驭能力广，光泽度高的面料比哑光的面料更适合，可搭配一些高科技的面料，如涂层化纤、鳄鱼皮等（见图 5-33）。

图 5-33 前卫型风格服装材质搭配

（五）饰品搭配

强调造型的独特，材料可以多种多样，装饰的位置可以是反传统的，如各种流行的靴子、有造型感的高跟鞋。配饰或硕大，或极小，有无装饰均可，采用金属材料（见图 5-34）。

图 5-34 前卫型风格饰品搭配

（六）发型与妆容

女士发型：紧密跟随流行，注重时尚和造型感，拒绝平庸。符合时尚潮流的，夸张的、最新潮的发型，染发可以选择五颜六色。

女士妆容：化妆重点在眼睛，化妆色上选择个性化的颜色。

男士发型：体现个性化、与众不同的发色、发型。拒绝卷发，拒绝厚重感的发型。

前卫型风格发型与妆容如图 5-35 所示。

图 5-35　前卫型风格发型与妆容

六、阳光少年型风格搭配解析

小、中量感，给人利落、阳光、硬朗、智慧、干练的感觉，偏直线形态。

（一）阳光少年型风格外观特征

（1）面部特征：面部线条清晰明朗，五官偏小。

（2）身材特征：小骨架、小量感身材。

（3）整体氛围：年轻感、个性、都市化、古灵精怪、朝气活力、年轻调皮、可爱（见图 5-36）。

图 5-36　阳光少年型风格外观特征

（二）服装款式搭配

合体、利落、动感、时尚、年轻的款式，风衣与大衣都适合短款（见图 5-37）。

（三）色彩、图案搭配

色彩搭配：选择适合个人色彩群中较鲜艳的颜色，适合对比、视觉冲击力较强的色彩搭配。

图案搭配：适合个性化或可爱的几何形条纹、格子、抽象类图案（见图 5－38）。

图 5－37　阳光少年型风格服装款式搭配

图 5－38　阳光少年型风格色彩、图案搭配

（四）服装材质搭配

适合流行的高新科技面料、棉、毛、皮革、灯芯绒、闪光硬挺的化纤面料等（见图 5－39）。

（五）饰品搭配

各种流行款式、造型独特、装饰感强的鞋子，小围巾、双肩包、腰包、斜挎包，造型时尚、独出心裁的饰品。

图 5-39　阳光少年型风格服装材质搭配

（六）发型

适合各种个性化、流行的发式（见图 5-40）。

图 5-40　阳光少年型风格发型

七、优雅型风格搭配解析

量感居中，给人感性的感觉，细腻、柔美、精致，呈曲线形态。

（一）优雅型风格外观特征

（1）面部特征：面部轮廓线条柔美，五官精致，眼神柔和。
（2）身材特征：身材适中，偏曲线，轻盈。
（3）性格特征：温柔，有女人味，恬静而优雅（见图 5-41）。

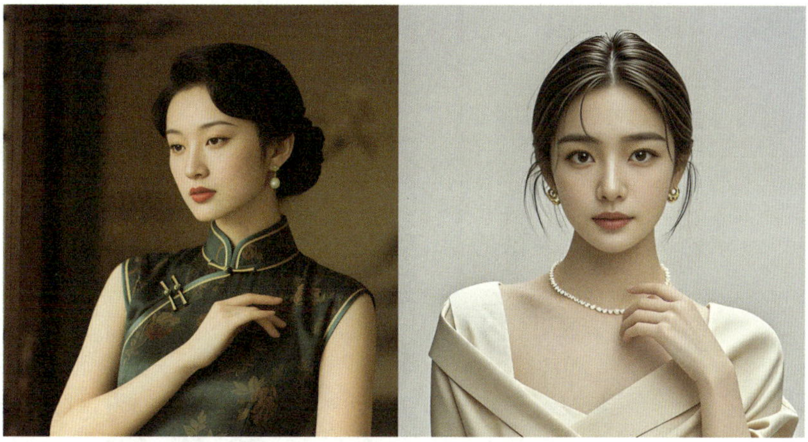

图 5-41　优雅型风格外观特征

（二）服装款式搭配

曲线剪裁，收腰，领子、襟处边缘都呈曲线形，适合有皱褶的装饰、蓬松的袖子、垂吊感的连衣裙、飘逸的长裙。回避有力度的、直线感的、过于个性化的、可爱的服饰风格（见图 5-42）。

图 5-42　优雅型风格服装款式搭配

（三）色彩、图案搭配

色彩搭配：适合自己的色彩群中浅淡、柔美、能展现女性韵味的颜色。颜色一定要雅致柔和，微微带点灰调，褪去了纯色浓烈的张力与个性，又比浅淡色系多了一份修养与内涵。

图案搭配：水彩画式温柔、朦胧的图案，适合中等大小的花朵、稍大点的水点，排列不均匀的、有凹凸感的、曲线型的图案（见图 5-43）。

图 5-43　优雅型风格色彩、图案搭配

（四）服装材质搭配

适合柔和、轻盈的面料，如软而细的乔其纱、丝绸、缎类和羊驼绒等，回避卡其布、粗麻、精灯芯绒等粗糙厚重的面料（见图 5-44）。

图 5-44　优雅型风格服装材质搭配

（五）饰品搭配

柔软的皮质，秀气而女人味十足的曲线造型的鞋包。

鞋子：中至高跟的鞋，鞋跟精致，秀气而富有女人味的尖圆头鞋、舞鞋、尼龙面鞋、中靴都合适，回避盖鞋、平跟鞋。

包包：精致的挎包、小提包，皮质要软，造型柔和，不要有锋利的棱角，晚会包用丝绒小包。

首饰：精致高雅的，女性化的金、银、珍珠、水晶类饰品。精巧的 K 金、颗粒偏小的珍珠，有垂吊感的饰物（吊坠耳环、水晶饰品），玻璃质感的饰物，纤细精巧的表带、细皮带，柔软的丝巾等。装饰物的大小要适中。

（六）发型与妆容

适合的发型：柔和的披肩发、微卷发、盘发等，中等大小的卷，不能乱，即使是直发也要有弯曲的痕迹。

适合的妆容：妆面干净，不宜过于浓艳，强调睫毛，淡化眼影和口红。

优雅型风格饰品、发型与妆容搭配如图 5－45 所示。

图 5－45　优雅型风格饰品、发型与妆容搭配

八、少女型风格搭配解析

小、中量感，轻盈、甜美、活泼、偏曲线形态。

（一）少女型风格外观特征

（1）脸部特征：面部轮廓圆润，五官稚气、小巧可爱，量感小。

（2）身材特征：小骨架，身材不高，小巧玲珑。

（3）性格特征：清纯、甜美、可爱、年轻、天真，给人一种纯真的印象（见图 5－46）。

图 5－46　少女型风格外观特征

（二）服装款式搭配

整体款式体现甜美、可爱。主要服装元素为短款、蝴蝶结，可以选择高腰伞裙、小波点衬衫、背带牛仔裙、印花连衣裙等款式。最不适合夸张的、成熟的、粗糙的、直线的、硬朗的服装款式（见图 5－47）。

图 5－47　少女型风格服装款式搭配

（三）色彩、图案搭配

色彩搭配：适合自己的色彩群中柔和浅淡的偏可爱的颜色。

图案搭配：纤细可爱的花朵、小圆点、小动物、蝴蝶结图案（见图 5－48）。

图 5－48　少女型风格色彩、图案搭配

（四）服装材质搭配

适合细腻、精致、柔软、光滑的面料，像蕾丝、细灯芯绒、平绒、细条绒、碎花布、薄而软的羊毛和兔毛（见图 5－49）。

图 5-49　少女型风格服装材质搭配

（五）饰品搭配

包饰：适合小巧的、皮质柔软的、带有可爱装饰的皮包。

鞋饰：适合圆头浅口的中跟皮鞋，或带花朵装饰的皮鞋。

首饰：适合纤细的、小巧的、玲珑剔透的饰品，如小珍珠耳环、玻璃珠项链、花型手链等。

（六）发型与妆容

发型：适合清纯的直发、马尾发、编发以及可爱的小发卷，避免太厚重的刘海。

化妆：用色浅淡、柔和，强调眼睛、睫毛和嘴唇。

少女型风格饰品、发型与妆容搭配如图 5-50 所示。

图 5-50　少女型风格饰品、发型、妆容搭配

九、中性少年型风格搭配解析

小、中量感，利落、阳光、硬朗、智慧、干练。

（一）中性少年型风格外观特征

（1）面部特征：轮廓及五官直线感强、呈锋利感。

（2）身材特征：直线感强，帅气、干练。

（3）性格特征：直爽、外向、活泼、好动。男孩子气（非成熟型）、成熟而干练、中性化（成熟型）（见图 5-51）。

图 5-51　中性少年型风格外观特征

（二）服装款式搭配

直线裁剪突出帅气干练，体现中性风格。

职业装以直线裁剪为主，立领多扣式，小枪驳头的西服裤套或裙套装，或者在职场中选择裤装配短款上衣。

休闲装适合短款或者收身的皮夹克，利索的风衣，直线型的裙子，清晰或对比的格纹、条纹或几何类图案，也可以将 T 恤或衬衣束在裤装里，宜系腰带（见图 5-52）。

图 5-52　中性少年型服装款式搭配

（三）色彩、图案搭配

色彩搭配：适合自己的色彩群中明快的、有韵律感的颜色，如蓝色、黄色、绿色等。

图案搭配：直线型的、清晰或对比的格纹、条纹或几何类图案（见图 5-53）。

（四）服装材质搭配

适合有硬度、挺括的面料，如灯芯绒、条绒、牛仔布、混纺类等。如图 5－54 所示。

图 5－53　中性少年型色彩、图案搭配

图 5－54　中性少年型服装材质搭配

（五）饰品搭配

鞋饰：系带鞋，方跟、方口皮鞋，男士靴。
包饰：中性化十足的男式公文包，单带长挎包。
首饰：别致的几何型耳环，时尚的、直线感强的项链、手镯，大小适中，风格独特。

（六）发型与妆容

发型：超短发、直发、短碎发类的发型。
妆容：不要用过于鲜艳的颜色化妆，化妆用色应偏理性，强调眼影与眼线。
中性少年型饰品、发型与妆容搭配如图 5－55 所示。

图 5－55　中性少年型饰品、发型与妆容搭配

能力培养与训练

风格搭配

实训目标

了解不同风格的搭配特点，掌握不同风格的搭配要点。

实践步骤

1. 通过外观特征分析风格类型。
2. 给出服装款式、颜色、配饰、发型、妆容搭配方案。
3. 搭配模特展示。
4. PPT 细节展示。
5. 学生相互点评，教师总评。

实践成果

模特和 PPT 展示风格搭配。

考核评价

个人形象设计课程考核方案

<table>
<tr><td>课程名称</td><td>个人形象设计</td><td>任课教师</td><td colspan="3"></td></tr>
<tr><td colspan="3">适用班级：</td><td colspan="3">满分：100 分</td></tr>
<tr><td>考评项目</td><td>考核范围</td><td>评价方式</td><td>项目满分</td><td>权重</td><td>完成时限</td></tr>
<tr><td>风格搭配解析分析</td><td>1. 服装
2. 饰品
3. 发型
4. 妆容</td><td>教师分析评判</td><td>100</td><td>60%</td><td rowspan="2">1 课时</td></tr>
<tr><td>模特和 PPT 展示</td><td>1. 是否符合模特个人风格搭配
2. 搭配细节
3. 讲解展示</td><td>教师分析评判</td><td>100</td><td>40%</td></tr>
</table>

参考文献

1. 宁国芳. 服装色彩搭配［M］. 北京：中国纺织出版社，2018.
2. 于西蔓. 女性个人色彩诊断［M］. 广州：花城出版社，2003.
3. 北京西蔓色彩文化发展有限公司西蔓色研中心. 中国人形象规律教程（女性个人色彩搭配分册）［M］. 北京：中国轻工业出版社，2004.
4. 沈从文，王孖. 中国服饰史［M］. 北京：中信出版社，2018.
5. 冯泽民. 中西服装发展史教程［M］. 北京：中国纺织出版社，2005.
6. 李芽，陈诗宇. 中国妆容之美［M］. 长沙：湖南美术出版社，2021.

图书在版编目（CIP）数据

个人形象设计/张玉清主编. -- 北京：中国人民大学出版社，2025. 5. --（新编 21 世纪高等职业教育精品教材）. -- ISBN 978-7-300-33742-5

Ⅰ. B834. 3

中国国家版本馆 CIP 数据核字第 2025D8H409 号

新编 21 世纪高等职业教育精品教材 · 通识课系列

个人形象设计

主　编　张玉清

Geren Xingxiang Sheji

出版发行	中国人民大学出版社		
社　　址	北京中关村大街 31 号	**邮政编码**	100080
电　　话	010－62511242（总编室）		010－62511770（质管部）
	010－82501766（邮购部）		010－62514148（门市部）
	010－62511173（发行公司）		010－62515275（盗版举报）
网　　址	http://www.crup.com.cn		
经　　销	新华书店		
印　　刷	北京瑞禾彩色印刷有限公司		
开　　本	787 mm×1092 mm　1/16	**版　　次**	2025 年 5 月第 1 版
印　　张	12	**印　　次**	2025 年 5 月第 1 次印刷
字　　数	282 000	**定　　价**	45.00 元

版权所有　侵权必究　　　印装差错　负责调换